2

水辺を活かす

—人のための湿地の活用—

日本湿地学会［監修］

高田雅之・朝岡幸彦［編集代表］

石山雄貴・太田貴大
佐々木美貴・田開寛太郎［編集］

朝倉書店

【カバー表】
川での環境学習（撮影：富田啓介）

【カバー裏】上から順に
・奄美マングローブ（撮影：山田浩之）
・知多半島の水田と案山子（撮影：富田啓介）
・豊岡市での水田生き物調査（撮影：田開寛太郎）
・高千穂峡（撮影：高田雅之）
・神仙沼（撮影：山田浩之）
・ミズバショウ（撮影：大畑孝二）

巻 頭 言

SDGsを総合的に支える「水辺学」「湿地学」の視野と
CEPAの位置付けおよび学習指導要領の発展方向

地球上での人の営みに関わるSDGsの17の目標はすべて，水辺・湿地と深く関わる．それは，地球上の生命体の一員である私たちヒトが，水を不可欠な要素とする細胞から成り立つからである．そして，私たち人の暮らしが，水分を含む大気や水，地球上のあらゆる生命体の相互依存との上に成り立っているからである．

もちろん，ヒトには他の生命体と異なる側面がある．ヒトは，仕事によって快適生活環境を作り出し，独自の衣食住，産業を生み出してきた．そして，子育てや人間相互の意思疎通・交流形態もこれに対応するものとなってきた．

しかし，工業化，市場経済化，契約社会化，民主主義社会化，リテラシー社会化を伴う近代化過程で，人間は水・大気などの地球環境に過大に負荷をかけてきた．その結果，人間の存続基盤である水・大気の汚染，食物連鎖や生態系の変調など，人間の存立基盤そのものを突き崩しつつある．

この局面で，水と細胞から構成される点で共通な地球の生命体と，その基盤である地球との関係性について，持続可能な展開方法の模索の動きが，地球規模で始まった．そして現時点での，この模索の国際的合意が，SDGsである．だからSDGsにとって，ヒトを含むすべての生命体の基本的構成要素・細胞に不可欠な水と，水のある場としての水辺・湿地について考えることが必須となっているのである．

本シリーズを監修する日本湿地学会が日本学術会議の協力学術研究団体として登録されたとき，水と人と人を含む地球上の生命体を総合的に扱う点にその独自性があるとされた．それは，Wetland Study（湿地学，水辺学）だといえる．その対象は，「水と水辺・湿地それ自体と，そこに生きる，ヒトもふくむ生命体の生態系・生活・意思疎通様式，食物連鎖等及び，その歴史と現在と将来」である．分節化すれば，①水・湿地とヒトを含む生命の自然学，②水・湿地と人の暮らしの人文学，③水・湿地と人の社会システムの社会科学，という3分野になる．

ラムサール条約は，水鳥の条約ではなく，水・水辺・湿地への人の関わり方を規定した条約である．それは，通常，①保全・再生・創造，②賢く使うこと，ワイズユース，③CEPA（communication, capacity building, education, participation and awareness，対話，力量形成，教育，参加，啓発）である．

この3つの柱が相互補完的なことは，今日の日本では常識となった．しかし，なお，議論すべき点が，少なくとも2つあることを直視すべきではないか．

1つは，日本や近隣諸国では，湿地の保全・再生・創造がラムサール条約の第1の柱だとされてきたが，はたしてそれでよいのか？という点である．2011年のラムサール条約40周年についての条約事務局の記念冊子は，ラムサール条約の「第1の柱はワイズユースである」と言い切っている．水・水辺・湿地の保全・再生・創造と，人の営みとの接点にワイズユース・賢い活用が成り立つので，これは当たり前である．しかし，日本や近隣諸国では，長いこと，活用それ自体を忌避する傾向も一部にあり，保全・再生・創造を第1に据えて「ワイズユース」を次に置くことで，バランスが図られてきた．しかし近年SDGsが前面に出てきたので，核心であるワイズユースを第1の柱としてもよいかという雰囲気も出始めている．

もう1つは，これまで，「CEPAは湿地の保全・再生，ワイズユースの手段にすぎない」ともみなされがちだった点である．しかし，ラムサール条約が水・水辺・湿地への人の関わり方に関する条約だとすれば，人の関わり方を規定する内面の「教養」「人格」の形成を考えるCEPAこそが，実はラムサール条約の軸ではないか，という認識も成り立ちうる．なぜなら，ワイズユースや保全・再生・創造に関わる人間の技や知識や智慧は，個々の人間の体験をもとにしながら，それが経験化されて成り立つものだからである．したがって，何か「研究会」「シンポジウム」「講習会」等の「教育」らしきことだけでは，CEPAが十分展開されたとは考えにくいのである．CEPAは本来，個々の人の体験，特にsignificant life experience（SLE，人生における大切な体験）を基盤とし，様々な人々の体験との交流による「体験の経験化」「具体⇔半具体⇔抽象」によって（日置光久氏）実体化され展開されるものなのである．

これは，SDGsの実践をサポートする水辺学，湿地学の創造にとって重要である．同時にこれは，「人体」「人生」が家族，地域，職場でバランスよくイメージしにくい，現在の学習指導要領の発展・修正をも支えることになるだろう．

2023年3月

日本湿地学会事務局長　笹 川 孝 一

【監修】

日本湿地学会

【編集代表】

高田雅之　法政大学
朝岡幸彦　東京農工大学

【編集委員】（五十音順．［　］は編集担当章）

石山雄貴　鳥取大学［第 5 章］
太田貴大　大阪大学［第 2 章］
佐々木美貴　日本国際湿地保全連合［第 3 章］
田開寛太郎　松本大学［第 1，4 章］

【執筆者】（五十音順）

朝岡幸彦　東京農工大学
浅田太郎　サントリー株式会社スピリッツカンパニー
阿部拓三　南三陸町自然環境活用センター
石山雄貴　鳥取大学
井本郁子　地域自然情報ネットワーク
牛山克巳　美唄市宮島沼水鳥・湿地センター
内山　到　北海道環境財団
浦嶋裕子　MS&AD ホールディングス
太田貴大　大阪大学
小澤鷹弥　ふなばし三番瀬環境学習館
柏木　実　ラムサール・ネットワーク日本
唐澤篤子　MS&AD ホールディングス
川島賢治　東京港野鳥公園／日本野鳥の会
河村幸子　東京学芸大学
神田　優　黒潮実感センター
菊池　稔　名寄市立大学
酒井佑輔　鹿児島大学
笹川孝一　法政大学名誉教授
佐々木美貴　日本国際湿地保全連合
佐藤安男　水の駅「ビュー福島潟」
芝原達也　生態計画研究所
嶋崎暁啓　ポラリス・ネイチャーガイズ&コンサルタンツ
島袋裕也　やんばる自然塾
城　千聡　MS&AD ホールディングス

高田雅之　法政大学
髙橋知成　鹿児島大学　酒井研究室
田開寛太郎　松本大学
戸田早苗　豊岡市
富田啓介　愛知学院大学
中澤朋代　松本大学
永瀬倖大　日本コウノトリの会
中村玲子　ラムサールセンター
西廣　淳　国立環境研究所 気候変動適応センター
平野信之　檜枝岐村副村長

（所属は2023年3月現在）

目　　次

序章　水辺を活かすために ………………………〔朝岡幸彦・高田雅之〕… 1
1　現在の状況にどう向き合うのか ……………………………………… 1
2　SDGs から考える「水」と持続可能な経済 …………………………… 3
3　ポストコロナにおける SDGs …………………………………………… 5

第1章　湿地を活用した地域経済の振興 ……………………………… 8
1.1　農林水産業との関わり ………………………………………………… 8
1.1.1　解　　説 ……………………………………………〔田開寛太郎〕… 8
1.1.2　事例1：ふゆみずたんぼ in 宮島沼 ………………〔牛山克巳〕… 12
1.1.3　事例2：志津川湾における環境に配慮したカキ養殖
……………………………………………………………〔阿部拓三〕… 14
1.2　水辺と観光との関わり ………………………………………………… 16
1.2.1　解　　説 ……………………………………………〔中澤朋代〕… 16
1.2.2　事例1：沖縄県東村（慶佐次川マングローブ）…〔島袋裕也〕… 20
1.2.3　事例2：高知県柏島におけるサステイナブル・ツーリズムの
取り組み ………………………………………………〔神田　優〕… 21
1.3　まちづくりとの関わり ………………………………………………… 24
1.3.1　解　　説 ……………………………………………〔田開寛太郎〕… 24
1.3.2　事例1：コウノトリと共生するまちづくり ………〔永瀬倖大〕… 28
1.3.3　事例2：「ツルの越冬地」出水市での持続可能なまちづくり
………………………………………………〔酒井佑輔・高橋知成〕… 30

第2章　湿地とビジネスの関係性 ………………………………………… 33
2.1　解説：ビジネスと湿地の望ましい関係性とは？ ………〔太田貴大〕… 33
2.1.1　は じ め に ……………………………………………………… 33
2.1.2　ビジネスと湿地の関係性―消費–保護という軸 …………………… 34

2.1.3　CSR と CSV を経済–環境の価値軸で位置付ける……34
2.1.4　事例から考える湿地とビジネスの望ましい関係性……36
2.1.5　お わ り に……38
2.2　CSR の事例……39
2.2.1　北海道環境財団と企業による湿地保全の取り組み……〔内山　到〕…39
2.2.2　MS & AD によるラムサール条約登録湿地等の保全取り組み……〔浦嶋裕子・唐澤篤子・城　千聡〕…41
2.3　湿地利用の事例……43
2.3.1　サントリーグループのスコットランドにおける泥炭地及び水源保全活動「Peatland Water Sanctuary」……〔浅田太郎〕…43
2.3.2　アメリカにおける湿地ミティゲーションバンキング……〔太田貴大〕…45
2.3.3　アナツバメの巣採取ビジネスと泥炭湿地林の持続的な関係性……〔太田貴大〕…48

第 3 章　湿地・水と地域文化／現代文化……51
3.1　湿地・水をめぐる伝統文化と現代文化……51
3.1.1　湿地・水の文化と湿地の地域社会……〔平野信之・佐々木美貴・笹川孝一〕…51
3.1.2　食　文　化……〔佐々木美貴〕…56
3.1.3　アニメーション映画作品における湿地の表現……〔富田啓介〕…57
3.1.4　絵画，写真，映像・映画……〔笹川孝一〕…59
3.1.5　水辺と物語……〔笹川孝一〕…61
3.1.6　伝統的暮らしと水辺……〔笹川孝一〕…63
3.1.7　演劇，話芸……〔笹川孝一〕…65
3.1.8　音　　楽……〔笹川孝一〕…67

第 4 章　湿地を活用した健康増進・社会福祉の充実化……69
4.1　湿地での健康保持・増進，ストレスの緩和……69
4.1.1　解　　説……〔田開寛太郎〕…69

4.1.2　事例1：湿地セラピー福島潟……………………〔佐藤安男〕…73
4.1.3　事例2：サロベツ湿原×豊富温泉―自然体験で楽しく元気に
……………………………………………〔嶋崎暁啓〕…75
4.1.4　事例3：麻機遊水地における健康・福祉・教育を重視した
湿地利用……………………………………〔西廣　淳〕…78
4.1.5　事例4：宇都宮市鶴田沼緑地―人々に守り育てられる中間湿原
……………………………………………〔井本郁子〕…80
4.1.6　事例5：湿地を活用した自然とのふれあい施設―東京港野鳥公園
……………………………………………〔川島賢治〕…82
4.1.7　事例6：大都会の真ん中で出会う自然の営み……〔河村幸子〕…84

第5章　湿地の保全・利用を支える CEPA……………………………87
5.1　湿地における CEPA……………………………………………87
5.1.1　解　　説……………………………………〔石山雄貴〕…87
5.1.2　事例1：しめっち CEPA プログラム集…………〔牛山克巳〕…90
5.1.3　事例2：湿地の住民主体・住民参加の調査……〔佐々木美貴〕…93
5.1.4　事例3：フィールドでのオンライン授業が持つ力
……………………………………………〔小澤鷹弥〕…95
5.1.5　事例4：公民館における湿地保全の取り組み―福生市を事例に
……………………………………………〔菊池　稔〕…97
5.1.6　事例5：博物館や動物園・水族館の果たす役割…〔河村幸子〕…99
5.1.7　事例6：コウノトリ学習…………………………〔戸田早苗〕…101
5.2　湿地保全の主体としての子ども・ユース…………………………103
5.2.1　解　　説……………………………………〔石山雄貴〕…103
5.2.2　事例1：KODOMO ラムサール―子どもが主役の
湿地交流プログラム…………………………〔中村玲子〕…107
5.2.3　事例2：マガレンジャー…………………………〔牛山克巳〕…109
5.2.4　事例3：谷津干潟ユース…………………………〔芝原達也〕…111
5.3　湿地をつなぐネットワーク／施設のネットワーク……………113
5.3.1　解　　説……………………………………〔石山雄貴〕…113

5.3.2　事例1：ラムサール条約登録湿地関係市町村会議
……………………………………………〔佐々木美貴〕…117
5.3.3　事例2：ラムサール・ネットワーク日本…………〔柏木　実〕…119
5.3.4　事例3：東京湾再生官民連携フォーラム
東京の窓プロジェクトチーム……………………〔芝原達也〕…121

終章　すべての人の水辺のために…………………〔朝岡幸彦・高田雅之〕…124
1　短い梅雨がもたらすもの……………………………………………124
2　「水辺」が支える産業と経済，そして文化……………………………125
3　「水辺」の価値と向き合うために……………………………………126

索　　引……………………………………………………………129

本書をさらに深く学ぶため，図表，写真をデジタル付録として用意しております（本文中では〈e〉図1.1等と表示）．朝倉書店ウェブサイトへアクセスしご覧ください．右のQRコードからもアクセスできます．なお，具体的な動作環境等はデジタル付録内の注意事項にてご確認ください．

序章 水辺を活かすために

1 現在(いま)の状況にどう向き合うのか

新型コロナウイルス感染症（COVID-19）の世界的なパンデミックは，私たちの世界を大きく変えつつある．このパンデミックを含むここ数年の状況が，持続可能な開発目標（SDGs）の達成にどのような影響を与えるのか，深く考える必要がある．SDGs は冷戦体制の崩壊によって生みだされたグローバリゼーションの世界が，地球環境の急速な変化をもたらすとともに，社会としても持続不可能であることを前提に合意された．新型コロナは SDGs の実現にどのような意味を持つのであろうか．1 つだけ明らかな「事実」がある．それは，ポストコロナ社会はコロナ以前の社会とはかなり様相を異にしている，ということである．

私たちは，21 世紀に入って 2011 年の東日本大震災・原発事故と 2020 年の新型コロナ・パンデミックという二度の大きな「厄災(やくさい)」に遭遇した．この厄災はともに広義の環境問題に括られるものであり，こうした厄災はその社会が抱えていた構造的な課題の「解決」を一気に進める傾向がある．東日本大震災による巨大な津波は，「水辺に暮らす」リスクを私たちに思い知らせた．そして，このたびのコロナ禍は，「水辺を活かす」経済に影響を与えたのではないだろうか．パンデミックが社会や経済のあり方を大きく変える（ポストコロナ社会）ことで，水辺の活用にも影響を与えるのである．

そこで，まず私たちが新型コロナにどのように対応したのかを今一度振り返りたい（表 1）．対応の仕方は各国の体制や地政的な条件，文化によって微妙に異なっており，日本では第一波への対応を「日本モデル」として評価する動きがある[1]．新型コロナウイルス（SARS-CoV-2）の起源はまだ確定していないものの，中国南部の洞窟に生息するコウモリが宿主となって変異を繰り返すうちに，ヒトに感染する感染症（COVID-19）となったとするものが有力である．

表1　新型コロナ（COVID-19）を振り返る

2019年12月	中国・武漢市で最初の感染者を確認（ペイシェント・ゼロ）
2020年1月	国内で初めて感染者を確認
2月	「指定感染症」に指定/国内初の死者/首相が学校一斉休校を要請
3月	改正特別措置法の成立
4月	緊急事態宣言発令（4月7日～5月25日）
7月	Go To トラベル開始
8月	安倍首相が辞任表明
9月	菅政権発足
12月	Go To トラベル一時停止/全世界からの外国人の新規入国禁止
2021年1月	緊急事態宣言発令（1月7日～3月21日）
2月	ワクチンの先行接種（医療関係者）始まる
4月	ワクチンの高齢者接種始まる/緊急事態宣言発令（4月25日～5月31日）
6月	ワクチンの職域接種始まる
7月	緊急事態宣言発令（7月12日～9月30日）/東京オリンピック開幕
9月	菅首相が辞任表明
10月	岸田政権発足，総選挙で自民党が安定多数を確保
12月	オミクロン株の市中感染を確認，ワクチンの追加接種（3回目）開始

人類社会の脅威となるパンデミックを引き起こす感染症の多くが人獣共通感染症であり，野生動物を宿主とするウイルスが何らかの理由でヒトに感染するものに変異して，ヒトからヒトへの感染力と毒性を強化して広がったと考えられている．「ペイシェント・ゼロ」（新型コロナの第1号感染者）が中国・武漢市で確認されたのが2019年12月1日であり，国際的なハブ空港と中国の人物流拠点となっているこの大都市から瞬く間に世界に広がり，日本国内でも2020年1月に最初の感染者が確認されている．その後，2022年12月までに第一波（2020年3月頃～5月末頃）から第八波（2022年10月～）までの感染拡大が記録されている．時期を経るごとに感染者（陽性者）数が急増しているものの，主にワクチン接種が進んだことにより致死率が大幅に下がった．2022年12月30日現在，全世界で6億5961万人が感染し，668万人が死亡している新型コロナウイルス感染症は，パンデミックとしては1918～19年のスペイン風邪（インフルエンザ）に次ぐ犠牲者を出している．100年前との大きな違いは，SARS流行などの経験でウイルスが早期に発見されたことに加え，PCR検査・治療薬・mRNAワクチンの開発等が急速に進んでいるほか，「新しい生活様式」に象徴される社会システムの変更が速やかに受け入れられたことである．

私たちは，コロナ禍のもとで開発行為に代表される「人と自然との関係」を大きく見直す必要に迫られているばかりでなく，感染拡大を抑制・防止する様々な技術や社会・経済のあり方によるポストコロナ社会へも適応せざるを得なくなっているのである．

2　SDGsから考える「水」と持続可能な経済

ここでは主に［経済圏に関わる目標］[2] との関連で,「水辺」の意味を考える．この領域に区分される目標は，「働きがいも経済成長も」（目標8），「産業と技術革新の基礎をつくろう」（目標9），「人や国の不平等をなくそう」（目標10），「つくる責任つかう責任」（目標12）である．

水辺と経済との関係の中で最も重視されるのが，「水資源」（私たちが利用できる淡水の量）の問題である．具体的な例として,「パキスタンのインダス川流域における平均の年間水収支」が参考になる（表2）[3]．ヒマラヤ山脈を源流とするインダス川は，その流域（パキスタン，インド，中国，アフガニスタン）に年間2050億 m^3 の水を供給している．これに灌漑による再利用，運河から地中に浸透した水，河川や洪水で浸透した水，降水などの二次収支分を加えると，

表2　インダスの水はどこへ行く？（文献3より作成，単位は億 m^3）

流入量①	パキスタンの地表から流入する雨水	インダス川からの流入	チェナブ川からの流入	ジェラム川からの流入	ラビ川，サトレジ川，ビーアス川からの流入	合計
	320	1100	320	280	30	2050
流出量①（比率）	蒸発による損失	作物などの生産による消費	運河から地中へ浸透	河川や洪水から浸透	自然損失	
	410 (0.22)	＊	270 (0.13)	40 (0.02)	680 (0.33)	

灌漑等の介在による二次収支

流入量②	灌漑	運河から地中へ浸透	河川や洪水から浸透	降水
	＊	270	40	130
流出量②（比率）	作物などの生産による消費	地下水の取水（淡水の帯水層）	灌漑施設からの再流入（デルタへ流入300）	灌漑（淡水または塩水の帯水層）
	800 (0.44)	620 (0.34)	220 (0.12)	170 (0.09)

＊原図に表示されていない数字

計算上おおよそ1810億m^3の水資源を活用することができる．このうち「作物などの生産による消費」800億m^3（約44%）と「地下水の取水（淡水の帯水層）」620億m^3（約34%）を合わせたものが，実際に人が利用可能な水の量（この表には地下水の年間減少量約9.9億m^3が表示されていない）ということになる．こうした水資源環境のもとで，パキスタンは世界で最も「水ストレスが高く（取水量が過剰）」かつ「水の生産性が低い（水を経済価値に転換できていない）」国の１つとなっている．

一般的に，雨が多い日本は水資源が豊かで，灌漑施設も整い，水環境は将来にわたって安泰であると考えられやすいが，必ずしもそうとはいえない．水の需給に関する切迫の程度（水ストレス）を年利用量÷河川水等の潜在的年利用可能量で計算すると，「高い水ストレス下にある状態」と推定されている．さらに，日本人の平均的なウォーターフットプリント（物質を生産するために消費された水の量）は年間で約2200Lであり，世界平均を大きく上回っている[4)]．

こうした水資源をめぐる問題が，決して発展途上国だけのものでないことを示すものが『ブルー・ゴールド』（2008年，サム・ボッゾ監督）という映画である[5)]．この作品は，モード・バーロウ，トニー・クラーク『「水」戦争の世紀』（2003年，集英社新書）に大きな影響を受けて製作されたものである．監督のボッゾは「この映画を作らなければならなくなったひとつの理由がある．社会的には，環境問題は二酸化炭素の排出と地球温暖化に絞られているように見える．でも，地球が温暖になっても人類は生き延びるだろう．地球温暖化は“どうやって”生きるかの問題だが，水危機は“生きられるかどうか”の問題なのだ．だから，私はこの映画を作った」（『ブルー・ゴールド』DVD作品解説）と述べている．

この映画の採録台本から「水」戦争の基本構造が明らかとなる．

(1)　水ビジネスの問題

「ダムの建設で水循環が変化し，水の供給は自然から人の手に渡ります．」（ロバート・グレノン/アリゾナ大学教授）．この映画では，1992年の『水と持続可能な開発に関するダブリン宣言』を「水ビジネスの始まり」と規定する．

(2)　水道事業の民営化問題

ボリビアではIMFに課せられた負債免除の条件として水道事業をアメリ

カの多国籍企業ベクテルに移譲することが求められ，これに反対する民衆が蜂起した.「なぜ水が高騰するのか私たちは納得できませんでした. なぜ多国籍企業や民間投資家が水を所有するのか. お金が無ければ水が手に入りません. 闘う以外に方法はありませんでした.」(オスカー・オリベラ/“水と生命の防衛連合”). 日本でも 2018 年に水道法が改正され, 自治体に水道の「民営化」や「効率化」が求められており，いち早く宮城県は「コンセッション方式」(運営権を長期間，民間に売却する) を採用した.

(3) 仮想水（バーチャル・ウォーター）の問題

「北カリフォルニアの生態系の水が長い水道管と運河を経て州の南部に送られています. そこで育てた飼料は日本などに輸出されます. この飼料で育てられた神戸牛は, 再び米国に輸入されます. “仮想水” がキーワードです. 食料の輸入は生産国の水を別の形で消費することです. 自給自足にはほど遠く持続は不可能です.」(ウエノナ・ホータ/NGO “食と水の監視”). これをカロリーベースでは 4 割弱の食料自給率しかない日本の側から見ると，日本の食料生産を支えている灌漑用水約 570 億 t を超える年間約 640 億 t の仮想水を食料として輸入していることになる. これは食料問題が水資源問題と表裏の関係にあることを示しており，日本の自給率を向上させるためにはより多くの水資源の確保が必要であることを意味する.

(4) 子どもたち（未来世代）の行動

「その年の学校の慈善プロジェクトは発展途上国のための募金でした. そして井戸さえあれば死ぬ人が減ると聞きました. ある地では取水地まで 1 万歩も歩くと聞きました. 僕らの教室から水飲み場まではほんの 10 歩なのに. 井戸を買って寄付しようと思いました. 帰宅して両親に頼みました.(ライアン・ヘリルジャック/“ライアンの井戸財団”). 温暖化による急激な気候変動に多くの若者が声を上げて行動し始めており, そこで育まれた「環境的公正」の視点は水資源の利用をめぐる格差や途上国・貧困層の子ども・若者の状況を少しでも改善しようとする動きに連なっている.

3　ポストコロナにおける SDGs

「水」戦争へと向かいつつあった私たちの世界は, まず SDGs とコロナ禍によってどう変わったのであろうか．SDGs に「安全な水とトイレを世界中に」（目標 6）が組み込まれたことで，「水」が環境保全や防災だけでなく，生存に不可欠な要素として平等に保障されなければならないとする考え方（水に対する人権）が位置付けられたと見ることができる．

また，世界的によく知られた知識人たちによって語られるポストコロナ社会論に共通することは，新型コロナによって「私たちの世界に不可逆的な変化がもたらされる」と考えていることである[6]．現在に生きる私たちが，コロナ禍で強いられた「新しい生活様式」に慣れ始め，急速に進むテクノロジーやシステム変化の利便性や優位性を感じ始めているのである．そうした中で大きな変化の 1 つが「環境への配慮」であり，「グローバルな連携と協力」であろう．

それでは，ポストコロナ社会において SDGs の目標達成はどうなるのであろうか．17 の目標をウェディングケーキ・モデル[2] に対応させると，第一層［環境（生物）圏に関わる目標］，第四層［パートナーシップに関わる目標］への理解が，新型コロナへの対応を通して進むことは確かである．また，SDGs の各目標の実現が互いに深く関わり合っており，新型コロナへの対応は第二層［社会圏に関わる目標］や第三層［経済圏に関わる目標］の目標の実現なしには進まないという事実も明らかである．それを保障するものが，新型コロナの克服のためにはすべての国で収束させなければならないという事実である．ポストコロナ社会では「AI にはビッグデータを集めて誰が感染しているか見極めること，人々のプライバシーをきちんと守ること，その両方を実現することができ」る（テグマーク）[6] のであり，「私たちは，プライバシーと健康の両方を享受できるし，また，享受できて然るべきなのだ」（ハラリ）[6] という確信である．AI をはじめとしたコロナ禍で急速に進んでいる IT 化・オンライン化・無人化は，「水」を含む環境資源配分の意思決定を市場に任せるのではなく，「だれ一人取り残さない」基本的な人権として確立すること（環境民主主義）を求めているのである．

私たちは SDGs と向き合うことによって，すべてのゴールの実現が深く結びついていることを理解した．さらに新型コロナのパンデミックを経験したことで，この厄災が社会を大きくつくり変える（ピンカーの「進歩」）可能性があり，それが必ずしも SDGs の実現を阻むものではないことも理解しつつある．「ポストコロナ社会」として語られる世界が，SDGs の実現を大幅に前進させる

ものであると信じたい．　〔**朝岡幸彦・高田雅之**〕

引用文献

1) 水谷哲也・朝岡幸彦編著（2020）：学校一斉休校は正しかったのか？，筑波書房．
2) 日本湿地学会監修（2023）：水辺を知る，シリーズ〈水辺に暮らす SDGs〉1 巻，pp.1-2，朝倉書店．
3) アルビニア，アリス（2020）：ヒマラヤの大河に迫る―水の危機，ナショナルジオグラフィック日本版，**26**(7)，54-79，日経ナショナルジオグラフィック．
4) 井田徹治（2011）：データで検証 地球の資源，講談社ブルーバックス．
5) サム・ボッゾ監督（2008）：映画『ブルー・ゴールド』 https://www.uplink.co.jp/bluegold/
6) 大野和基編（2020）：コロナ後の世界，文藝新書．

第1章 湿地を活用した地域経済の振興

1.1 農林水産業との関わり

1.1.1 解　説

a. SDGsの達成に向けた農林水産業の取り組み

SDGsを達成するにあたって,農林水産業が果たす役割は大きい.まず,SDGsが2030年までに貧困撲滅といった大きな目標を掲げる中で,食料生産に関する取り組みはラムサール条約第4次戦略計画2016-2024とも課題を共有している.湿地は作物を生産するために必要な水資源を蓄える場所であり,多様な生きものが生息・生育するための食べ物や住処が提供される大切な場所でもある.そのため,湿地の保全・再生,つまり自然を守ることは私たちの食料生産を支える上で欠かせない構成要素となり,SDGsの目標14「海の豊かさを守ろう」や目標15「陸の豊かさも守ろう」は,農林水産業の生産を維持・発展させていくためにも重要な取り組みとして位置付けられる.

次に,SDGsの目標2「飢餓をゼロに」に関するターゲット2.4では,生態系を維持し,災害に対する適応能力の向上を通して,持続可能な食料生産システムの確保とレジリエントな農業が目指される.特に農林水産分野は地球温暖化や自然災害の影響を受けやすく,熱波や干ばつ,降水量の減少・増加などの予測不可能な気象現象によって食料の安定供給が脅かされ,その結果,飢餓人口が増えることが懸念されている.日本では,「農林水産省気候変動適応計画」を定め,食料生産性を向上して誰もが安定的に食料を得ることができるように,高温による生育障害や品質低下を抑える生産安定技術・品種の研究開発や,防災施設の整備などを進めている.

他にも,SDGsの目標11「住み続けられるまちづくりを」の観点からは,湿地は費用対効果の高い天然インフラと認識され,頻発する自然災害に対する緩衝帯としての役割が期待される.近年,自然に基づく解決策(nature-based solutions, NbS）と呼ばれる手法を活かしたインフラ建設を通して，健全な湿地を保全・再生することが注目を集めている．例えば，サンゴ礁やマングローブなどの機能を活かし波の高さや強さを緩和することで，海岸線の保護にかかるコストを抑えることができる．いうまでもなくサンゴ礁・藻場・干潟には様々な生きものが生息・生育し，人間にとっても豊かな漁場として活用され，生きていくために欠かせない食料を供給してくれる大切な場所である．そのため，サンゴ礁を守ることを，水産資源を持続的に利用するための人間生活上の焦眉の課題として，農林漁業者だけではなく私たち一人ひとりが認識し，行動に移すことが重要であるといえる．

最後に，極端な気象現象の中で特に深刻な問題を抱えているのが，過疎化や高齢化によって増え続ける耕作放棄地である．耕作放棄地がもたらす影響は大きく，いったん森林・原野化が進行してしまうと農地の再生には相当な時間と労力，それに関わるコストを要する．一方で，放棄された土地の再生・利活用を地域活性化や雇用創出のチャンスとして捉える地域も見られるようになる．例えば，SDGs との親和性が高いソーラーシェアリング（高い架台に太陽光発電設備を設置しその下で農作物を栽培すること）を通して，農業生産と発電を共有する仕組みは食料とエネルギーを同時に生み出すだけでなく，国土の保全や若者の新規就農を後押ししている．他にも耕作放棄地をビオトープ化（地域の動植物が生息・生育する空間を創出）し，湿地に戻したところにハスを植えて交流人口の増加を目指すなど，生物多様性保全のための湿地として機能を回復させるだけでなく，社会的に有意義なかたちで湿地を活かすことができる．このように，SDGs に関連する取り組みが多方面において新たな価値をもたらし，持続可能な農林水産業の実現に貢献することも考えられる．

b. SDGs に貢献する地域ビジネス

少子高齢化社会を迎える中，湿地を活かした地域ビジネスが見られるようになり，地域の産業発展の代表的な取り組みの１つである六次産業化は農林水産業の可能性を広げている．六次産業化・地産地消法では，生産，加工から流通・販売に至るまでの様々な産業の総合的かつ一体的な推進を図ることで，地域資源を活用した新たな付加価値を生み出すことに意義があるとされる．人と自然に配慮した生産活動を成り立たせるためにも，農林水産業関係者だけでなく，小売業から外食業そして消費者に至るすべての流通経路でのトレーサビリティの確保が不可欠である．

顧客ニーズを踏まえたバリューチェーンの構築には，消費者や市場のニーズを捉えることも重要であり，SDGsの目標17「パートナーシップで目標を達成しよう」の必然性が伴う．農林水産省では，SDGsと食品産業とのつながりとして，石川中央魚市と石川県漁業協同組合のパートナーシップの実現によって生まれた経済効果を紹介している．両者が休日を補完し合うことで，セリが行われない日がほとんどなくなり，県内産の魚の仕入れが従来よりも容易になっただけでなく，朝セリの取扱高は増加し高付加価値の魚は漁業従事者の収入安定にもつながっているという．副次的な効果として，セリの一般見学を受け入れる余裕ができるため，観光や教育分野における連携協力の中で様々な事業が生まれた結果，多くの人にとって市場が身近なものとなり，湿地の恩恵があらゆるところに行きわたる社会に貢献することにもつながっているといえる．

新型コロナウイルス感染症により多くの観光産業が多大な影響を受け，SDGsの理念に同調する旅行会社（有限会社西部トラベル）は，コロナ禍で苦境の中から生み出したユニークなオンラインツアーを実施した（図1.1）．立山連峰にある弥陀ヶ原（みだがはら）湿地と富山湾白えび漁の標高差4000 mの大自然を満喫するといった，物理的な移動距離を一気に飛び越えることのできる約2時間の企画旅行である．特筆すべき点は，自然散策や白えび漁の案内を県ナチュラリストとジオパークガイドや地元NPO（富山湾白えび倶楽部）との連携協力の中で実現させ，これまでの旅行会社のパートナーシップを最大限発揮して顧客満足度につ

図1.1　オンラインツアーのデジタル広告（提供：西部トラベル）

なげることにある．また，オンライン富山湾パック付コースに申し込めば，白えびの刺身を昆布で挟んだ昆布締めなどがあらかじめ参加者の自宅に郵送され，白えび観光船乗船の映像を見ながら地域の魅力を文字通り味わうことができるだけでなく，特産品の販売促進にもつながり，停滞する地域経済の復興にも貢献しているといえる．

c. 湿地を活かした農林水産業の魅力

人と自然に配慮した農林水産業の営みには様々な効果が期待される．ASC（Aquaculture Stewardship Council，水産養殖管理協議会）認証を受けた国内初の南三陸カキの養殖産業（1.1.3 項）では，震災を乗り越えて「将来の世代から搾取することなくみんなで分かち合う」と，漁師の意識改革を図り，関係法令の遵守や環境と地域社会に配慮した取り組みに努めてきた．漁場環境に負荷を与えることなく安定した収入を確保できる仕組みを整備することで，経営体あたりの生産量と生産金額が向上しただけでなく，経費や労働時間を削減することにもつながり，後継者の増加や就業者の年齢構成が若返るなどの波及効果も見られたという．

また，農林水産業がより魅力的な仕事となるためには，SDGs の目標 8「働きがいも経済成長も」と結びつき，経済成長と環境悪化の分断を図ったり，観光分野における湿地の利活用を促進するなど，働く場としての魅力を高めることが重要であるといえる．農林水産省が進める農業の働き方改革における就業者へのアンケート結果を見ると，やりがいを実感できる職場づくりにおいて，環境保全を含む JGAP（Japan Good Agricultural Practice，日本の良い農業のやり方）認証に取り組むなどの事業内容や経営方針に共感し，魅力を感じている就業者も少なくない．

最後に，農林漁業者だけでなく消費者や地域社会にとっても，湿地を活用した地域経済の振興に向けた農林水産業の取り組みに参画することのメリットは大きい．田んぼのオーナー制度（1.1.2 項）や市民農園は，耕作放棄地の解消をはじめ地域社会側の問題の解決だけでなく，参加者は自然豊かな場所で楽しみながら学ぶことができ，食品の安全性を理解する機会にもつながる．また，農閑期における農地を活用して，バードウォッチングなどのレクリエーションを目的とする利用者のニーズに応えることで，農業に多様性・柔軟性をもたらしているといえる．農林水産分野における様々な産業が SDGs に取り組むことで，若い世代を中心に新しいビジネスモデルの構築が進み，生き生きとした魅力的な仕事として発展することが期待できる．　〔田開寛太郎〕

1.1.2　事例1：ふゆみずたんぼ in 宮島沼

「ふゆみずたんぼ」とは，文字通り冬の間も田んぼに水を張る農法である．通常は乾田化させる冬期間に湛水することで，低温菌やイトミミズ，ユスリカなどの土壌微生物が増殖し，雑草の抑制と土づくりに効果があるトロトロ層と呼ばれる土壌を形成するため，化学肥料と農薬に頼らない米づくりが可能となる．ふゆみずたんぼは江戸時代の農業技術書にも記載されている古い農法であるが，宮城県蕪栗（かぶくり）沼周辺で水鳥の生息地拡大のための取り組みとして再発見され，多くの水生生物の生息地ともなることから，トキやコウノトリの採食地再生のためにも実践されるようになった．また，稲わらの分解促進，塩害を受けた水田の除塩などにも効果があるとされ，水田の多面的機能を高める農法として国内外で多く実践されている．

北海道美唄（びばい）市にある宮島沼は，水鳥であるマガンの重要な渡りの中継地としてラムサール条約に登録された小さな湖である．開拓期以前の宮島沼は，石狩川流域に発達した石狩湿原の泥炭地湖沼で，「先人が開拓に着手したころの沼は周囲四里四方（12万坪）と謂われ，形状はほぼ円形をなし，水はわき水で透明，当時は飲料水としても利用されていた．」と記録されている．しかし，排水路の整備と周辺の農地化に伴って地下水位が低下し，流入する農業用排水に伴う土砂と栄養塩の供給が進み，浅底化と水面の縮小，富栄養化といった水環境の悪化が問題となっている．

そこで，湛水期間の長いふゆみずたんぼを宮島沼周縁で実践して，地下水位を上げることで水面の縮小を阻止することができないか，という単純な着想から「ふゆみずたんぼ in 宮島沼」が始まった．ふゆみずたんぼでは非灌漑期である冬期における用水の確保が課題となるが，そこは宮島沼の水を田んぼにくみ上げることとし，土壌や植生に栄養塩を吸着させることで富栄養化した湖水を浄化する効果も期待した（図1.2）．

ふゆみずたんぼは慣行農法のイネづくりとは全く異なる技術体系のため，初めて実践する農家にとっては，代掻きを2回しなければいけないなど手間が増え，農薬を使用しないリスクがある，収量と品質が保証されないなどの面でハ

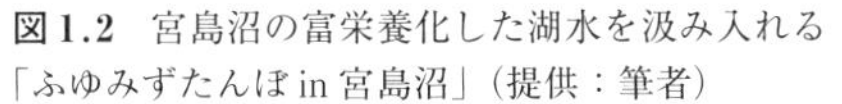

図 1.2　宮島沼の富栄養化した湖水を汲み入れる「ふゆみずたんぼ in 宮島沼」(提供：筆者)

図 1.3　学びの場ともなるふゆみずたんぼ(提供：筆者)

ードルが高い農法といえる．ふゆみずたんぼを実践している地域では，ブランド米をつくって高付加価値化を図る，行政による環境支払い制度を設けるなどして農家の参入を後押ししているが，宮島沼では協力農家の収入を保証する「ふゆみずたんぼオーナー制度」を設けることで 2008 年から取り組みが始まった．

「ふゆみずたんぼオーナー制度」では，一区画 1 a の田んぼオーナーを募集し，1 シーズン 2 万 5000 円のオーナー料で様々な農作業体験やイベントに参加してもらい，最終的にはオーナーとなった区画で収穫されたお米を全量持ち帰っていただいている．農作業体験は，5 月は種まき，6 月は田植え，7 月は除草と田んぼの生きもの調査．8 月は除草とイネのお花見，9 月は収穫と毎月あり，10 月にはお餅つきなどを行う収穫祭を実施してお米をお渡ししている．入手できるお米の量は年によって変動するが，概ね 40～50 kg となり，手刈りした天日乾燥のお米も味わうことができる貴重な機会となっている．収穫されたお米の一部は宮島沼水鳥・湿地センターで館内販売も行っており，好評をいただいている．

ふゆみずたんぼでは地元小学生による田植え体験などを行っており，大学生の研究フィールドとしても利用され，教育活動の場としても活用されている(図 1.3)．当初想定していたふゆみずたんぼによる宮島沼の水環境の保全効果は，水質の浄化機能については部分的に検証されたが，面積を増やして実用化するまでには至っていない．しかし，田んぼに生息する生きものは格段に増え，春先に地域でいち早く湛水された田んぼにはシギ類やカモ類など水鳥の利用も見られ，バードウォッチャーを楽しませている．

ふゆみずたんぼin宮島沼の取り組みは小規模ではあるが，多くの人と生きもので賑わう魅力的な活動となっている．〔牛山克巳〕

1.1.3 事例2：志津川湾における環境に配慮したカキ養殖

a. 志津川湾の自然環境

宮城県南三陸町志津川湾は，三陸復興国立公園の南部に位置し，太平洋に向かって大きく口を広げている（図1.4）．豊かな森を伴う山々が湾を取り囲み，その稜線が分水嶺を形成し，町境となっている．また沿岸域は，暖流と寒流がバランスよく混ざり合う海洋環境から生産性と生物多様性が高く，世界有数の漁場となっている．志津川湾では，こうした環境を活かし，古くからノリやワカメ，カキ，ホヤ，ホタテ，ギンザケなどの養殖業が盛んに行われてきた．

b. 東日本大震災からの漁業復興「カキ養殖の1/3革命」

2011年3月11日，東日本大震災に伴う大津波によって，湾内にひしめく養殖施設のほぼすべてが流失した．町の主幹産業である漁業は，文字通りゼロからのスタートとなった．このとき，志津川湾の戸倉地区では，主力の養殖種であるカキの養殖方法を大きく改革し，持続可能な養殖漁業の復興を実現した．養殖イカダの密度を震災前の1/3まで削減し，震災前に問題となっていたカキの過密養殖に伴う様々な課題を解決したのである（図1.5，1.6）．

改革の結果，餌となる植物プランクトンがカキ全体に十分に行き渡り，震災前は収穫まで2～3年かかっていたものが1年あまりで収穫サイズに成長する

図1.4 志津川湾（提供：筆者）

(a)

図1.5　東日本大震災前 (a) および震災後 (b) のカキ養殖場の様子（戸倉地区）（提供：宮城県漁協志津川支所）
震災後，養殖イカダの数が大幅に減少したのがわかる．

図1.6　カキ養殖場の水中の様子（提供：筆者）

ようになった．養殖期間の短縮により，台風や時化などに伴う被害やカキの脱落・死亡を含めた災害リスクが減少し，環境負荷の軽減にもつながった．養殖施設の設置とメンテナンスにかかる経費や船の燃料費も半減し，労働時間も大幅に短縮された．その一方で，生産量はおよそ2倍，生産額は1.5倍に増加するという劇的な効果を上げ，若い後継者の数も増加した[1,2]．

c.　持続可能な湿地の活用に向けて

この改革を契機に，戸倉地区のカキ養殖場は，2016年3月，日本で初めてとなるASC認証を取得した．さらに，志津川湾を取り囲む森林では，持続可能な林業を目指し，2015年10月にFSC（Forest Stewardship Council，森林管理協議会）認証が取得されている．そして，2018年10月には，カキ養殖場を含む志津川湾のほぼ全域が，日本で52番目のラムサール条約湿地となった．2022年3月には，「志津川湾保全・活用計画」が策定された．今後，志津川湾を取り囲む流域全体で，森川里海のつながりを活かした自然と共生するまちづくりのさらなる進展が期待される．　**〔阿部拓三〕**

引用文献

1）一般社団法人サステナビリティーセンター（2021）：奇跡の漁業革命 戸倉っこカキの冒険―最弱・底辺のカキが日本一になるまでのものがたり．
2）WWFジャパン（2021）：震災復興から生まれた持続可能な養殖―南三陸戸倉の挑戦．

1.2　水辺と観光との関わり

1.2.1　解　　説

a．観光という文化的行為

「観光」は21世紀の成長産業といわれるが，まず冒頭にこの言葉を整理しておきたい．観光とは人々が移動し，その地の事象を観る社会現象であり，文化的行為である．1960年代以降に世界で多くの人が観光する時代が訪れ，各地で大衆観光（マス・ツーリズム）が興隆し，観光による経済効果とともに負の影響が注目された．観光学はそうした背景から生まれた比較的新しい学問である．経済は社会の分業を最適化するシステムであり，人々のニーズのありかに常に連動する．観光行動が一足先に一般化した欧米では，ろくろを回す意が語源の「tourism」と観光を表現し，旅行的な側面を強調する．対して日本や中国では易経の一節「観国之光」に表現される，訪問先の国の繁栄ぶり，庶民の輝きから国の様子を見定め，学ぶ行為を指す意での「観光」を用いており，地域の環境との共生概念も含まれ興味深い．言い換えれば「観光旅行」とはいえても「旅行観光」とはいわないように，観光と旅行は異なる意味を持つ．

とはいえ，一般的に使われる「観光」にはマス・ツーリズムの印象が根強い．騒音や治安の悪化，売春や低賃金労働，商品の買い叩きなど，社会的弱者や資源への搾取のイメージを伴っている．しかし，「観光」は地域への経済効果だけでなく，地域の人々の暮らしぶりや努力などの「光」に対して，発見と学びを促す文化振興を担ってきた．このように，観光は地域にとって諸刃の剣の一面を持つからこそ，適切に扱われ，地域の資源を利用しながら守る「サステイナブル・ツーリズム（持続可能な観光）」へシフトすることが求められている．

b.　観光と持続可能な開発目標（SDGs）

世界観光機構（以下，UNWTO）の2015年の試算では，国際観光客数は今後も右肩上がりに増加傾向が続くと見込んでいた（図1.7）．2020年からの新型コロナ感染症のパンデミックにより観光人口は一気に落ち込んだものの，回復への期待は続いている．日本政府は観光立国推進法に基づく数値目標として外国人観光客数3000万人を掲げたが，2014年以降に国際観光客数が顕著に増加し，目標は達成された．さらに有名観光地でのオーバーツーリズムが問題になり，観光需要の分散化が課題となった．遡れば1970〜80年代からの大衆観光には観光地に負荷を与える過剰な状態があったが，経済成長の時代において，地域の負担は正の影響の経済効果にかき消されて一般認識されてこなかった．1987年のブルントラント報告書で持続可能な開発（SD）が発表されて以降，地域資源や地域社会を搾取しない観光，負荷をかけない観光への議論が高まっていく．マス・ツーリズムに対抗するオルタナティブ・ツーリズム（代替の観光）として，自然保全と利用を両立する実践的なエコツーリズムが注目され，現在のサステイナブル・ツーリズム論に続く．そうした過程を経て，近年ようやく観光による負の影響や環境収容力の問題が一般化されてきたともいえる．

SDGsでは3つの目標が観光に関連すると明確に捉えている．目標8のター

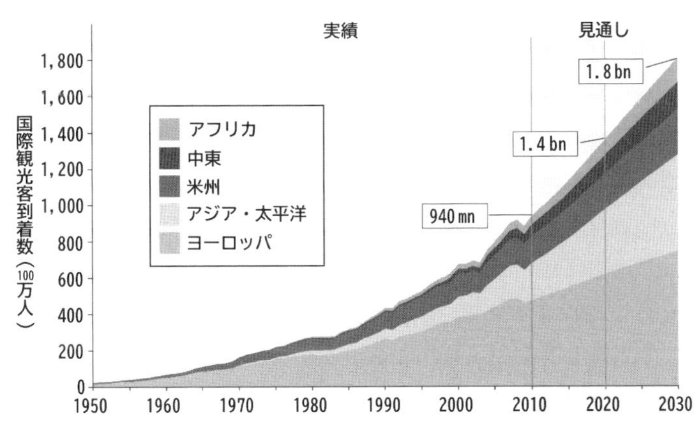

図1.7　UNWTOによる国際観光客の長期予測（出典：UNWTO Tourism Highlights, 2015 Edition）

ゲット8.9では雇用創出，地方の文化振興，産品販促につながる持続可能な消費生産形態を確保すること．目標12のターゲット12.bでは雇用を創出し，地域の文化や産品を活かす持続可能な観光のための，持続可能な開発の効果を測定するツールを開発し，実践すること．目標14のターゲット14.7では海洋資源の持続可能な活用によって，また漁業，水産養殖業，観光の持続可能な管理を通じて，小島嶼開発途上国や後発開発途上国への経済的恩恵を増進すること，である．さらに，国連は2017年を「持続可能な開発のための観光年」とし，「観光と持続可能な開発目標」として17項目すべてに観光との関連を解説した．観光による問題は旅行者にも大きく委ねられるため，「責任ある観光（responsible tourism）」の考え方も，SDGsの実現には大きな意味を持つ．

c. 農山漁村地域の暮らしと観光

さて，世界の各地域では，住み続けることにより環境を住民が手入れし，自然との共生を実践している．気候や地質，生態系が土台の地場産業である農業，林業，漁業等は固有の形態で営まれている．例えば，我が国の主食を生産する田んぼは，長年にわたる圃場開発の積み重ねの上にあり，畔を塗り，草を刈り，水路を普請する見えにくい労働が，美しく安全な暮らしの場をつくってきた．工業と異なり自然に左右される仕事は，長年にわたり自然に暮らす者でも翻弄され，なかなか予定通りにはいかない．しかし，四季折々の農作業に見られる美しい景色や花の香り，水音が心を癒し，自然に感謝するとともに思いがけぬ楽しみももたらしてきた．農山漁村地域にはマイナー・サブシステンス，または遊び仕事といわれる，伝統的で仕事とも遊びとも区別があいまいな自然との関わり方がある．

湿地と水辺は暮らしの営みの場そのものである．海洋性，内陸性の自然湿地と，田んぼやため池などの人工湿地は，人類を含む生きものの自然と暮らしの接点であるがゆえに，自然との関わり方の地域性は「観光」という新たな地場産業の固有の資源となり得る．田んぼや河原での生きもの探しは，生物学だけでなく地域の生活文化の学びにもつながる．また観光資源は「ある」のではなく，「生み出す」資源でもある．美しい自然を紹介し解説するだけでなく，地域住民と共に手入れし，利用・再生するような持続可能な資源活用が観光サービスになる．この取り組みには地域をどうしていきたいか，というコミュニティの未来を見据えて取り組むことが肝要である．地域づくりの活路として観光が注目される背景には，① 地域産業への関わりの裾野の広さ，② 無形でその場で即消費され，在庫を伴わない商品特性，③ 外貨を地域で回すローカルビジネスによる経済効果，など，これまで農山漁村に欠けていたサービス産業の創出がある．

d. サステイナブル・ツーリズムに基づく観光地域づくり

遠い地域への移動や現地資源の利用など，高い負荷を与える可能性のある訪問者の滞在には，地域環境への悪影響を想定して観光事業が設定されることが望ましい．それには地域の良いものを売ったり，体験したりすれば良いという狭義の活性化への期待ではなく，持続可能な地域であるためにどのような方針で，どのくらい，誰がどのようにゲストを受け入れていくか，長い将来を見据えた地域経営の方針と体制づくりが重要である．サステイナブル・ツーリズムの推進にあたり，グローバル・サステナブル・ツーリズム協議会（以下，GSTC）により認証制度を支える仕組みと各種認証制度が各地で進んでいる．GSTC の基準（観光地 Ver.1 の表現）を例にとると，A）持続可能な観光地の経営，B）地域コミュニティの社会経済的恩恵の最大化，負の影響の最小化，C）文化遺産の利益の最大化，負の影響の最小化，D）環境への利益の最大化，負の影響の最小化，の 4 つのカテゴリにて整理される．カテゴリに配された基準と指標の項目をチェックして地域の状況を捉え，住民を含む関係者で共有し議論する．基準や認証は，受け入れ地域の持続可能性を「見える化」するツールであり，それを用いることで住民が自らの地域の健康診断を行い，事実をもとに対話・改善し，結果として訪問者に共感される地域を目指す．

このように観光には地域資源開発，経済効果，交流と学習の要素があり，地域づくりを推進する．昔から湿地・水辺の近くには集落が形成され，衣食住に必要な資源が調達されてきた．そうした生活の場を現代に観光で活かすことは，ゲストへの観光教育であると同時に，計画，提供する住民やリピーターにとって，主体的で継続的な地域づくりへの学びになるのである．　**〔中澤朋代〕**

参考文献

・朝岡幸彦ほか（2019）：湿地教育・海洋教育，持続可能な社会のための環境教育シリーズ [8]，筑波書房．
・UNWTO（2015）：観光と持続可能な開発目標．
https://unwto-ap.org/wp-content/uploads/2018/05/リーフ.pdf

1.2.2　事例1：沖縄県東村（慶佐次川マングローブ）

a.　自然を活かしたコミュニティビジネス

1995年頃の東村(ひがしそん)慶佐次(げさし)は，沖縄本島最大で国指定天然記念物のヒルギ林（マングローブ）があることで有名な，50戸余り人口は約180人の小さな集落だった．ヒルギ林以外何も知られたところがなく，過疎化が進み，三次産業の飲食業や観光サービス業がない農村であった．

現在の慶佐次区は，国道の慶佐次川沿いに公民館，共同売店，東村ふれあいヒルギ公園があり，また集落から農道を抜けて海岸に着くとトイレ，シャワー施設，駐車場のあるウッパマ海岸が整備されている．1998年頃までは立ち寄る観光客も少なく，修学旅行の学生団体は一校もなかったが，県内外からやんばるの豊かな自然と癒しを求める人が徐々に増えてきた．遊歩道からヒルギ林を散策する家族連れやレンタカー客，県内外の学校の総合学習や環境学習，カヌー体験などのエコツアーで年間10万人余の旅行者が訪れている．

旅行者が増えたことにより，慶佐次共同売店の農産物販売所では，今まで農協に出荷できなかった規格外の農産物が売れるようになり，観光客のニーズの多様化で質のいい一級品は贈答用として県外の需要が増えている．また1998年までは一軒もなかった食堂，弁当仕出しなどの飲食店も複数でき，観光農園やコテージ型宿泊施設のある交流施設も営業を始めた．修学旅行プログラムなどでは東村特産のパインを使ったジャムづくりや農業体験があり，地元のお母さんたちや農家が講師となっている．自然体験を提供するエコツアー業者は10事業者でき，地域自然ガイドが活躍するなどコミュニティビジネスが生まれ，経済的な効果と雇用効果が出てきた．現在，すべてのエコツアー業者がマングローブカヌー体験を行っていて，汽水域での「マングローブカヌー」は地域の目玉プログラムとなった．

b.　住民が考え動いた地域活性化

慶佐次の活性化の取り組みの過程は，1995年慶佐次区に「夢つくり21委員会」ができたことから始まる．構成メンバーは当時区長であった，やんばる自然塾会長の島袋徳和氏を含め8人，職業は農家が中心で，会社員，団体職員，公務員など，年齢も30代から50代までの区民である．「夢つくり21委員会」の名称は，21世紀に向け区の将来を語ろうと付けられた．初めは，過疎の進む慶佐次を活性化するため，天然記念物で立ち入ることができないマングローブの活用はできないか，区有地で，素晴らしい景色が残るロラン基地局の返還後の利用をどうすべきかが主なテーマで，回を重ねるごとに具体化していった．

今できることを実行し，区独自で東京から専門家を呼びワークショップを開き地域資源を掘り起こすなど，行政主導ではなく地域住民が主体的に考える，また「今はこのようなプランだが，区民の参加で変わるかもしれない」と柔軟に考え，そして区民の意識が高まればおのずと慶佐次の状況が変わっていくと考えた．合意形成を進めながら最終的には「自然が守られ，地域の人が生き生きと暮らす慶佐次」を目指した．

次に，委員会は地域のグランドデザイン（将来図）を描いた．集落で唯一の店である共同売店は経営的に厳しい状態だったが，その移転先と，古くなった公民館の改築について，「過疎地域のさびれた共同売店や公民館ではなく，慶佐次でいろいろな体験ができ，楽しく過ごすことができる交流施設をつくりたい」，との考え方で地域のグランドデザインは描かれた．プラン図では，売店や公民館など施設の位置，公園や駐車場，マングローブの中の木道，売店の中には農産物販売所まで描かれている．農産物の流通をも視野に入れた交流型の地域活性化を考慮に入れていたのである．慶佐次区夢つくり21委員会が出したプランが実現した1つに東村ふれあいヒルギ公園がある．1995年のアイディアを東村役場の経済課が採用し，山村振興等農林漁業特別対策事業（1997～99年）にて完成させた．また1999年4月に夢つくり21委員会の想いから，当時区長だった島袋がやんばる自然塾を設立し，同年5月にできた東村エコツーリズム協会の設立に大きな影響を与えた．〔**島袋裕也**〕

1.2.3　事例2：高知県柏島におけるサステイナブル・ツーリズムの取り組み

a.　生物多様性の宝庫柏島

高知県の南西端にある周囲3.9 km，人口300人ほどが暮らす小さな島，柏島（かしわじま）．かつて高知県有数の漁場であった柏島は，湾内に設置された定置網1つに，1 mを超えるキハダマグロが一度に2400本も入ったという．

柏島の海は南からの澄んだ暖流黒潮と，瀬戸内海から豊後水道を南下してくる栄養豊富な海水とが混じり合うことで，多種多様な海洋生物の宝庫となっている．周辺海域にはその数日本一の1150種を超える魚類が生息しており，近年柏島はスキューバダイビングのメッカとなり，全国各地から大勢のダイバーが訪れるようになった．漁業の島であった柏島に新たにスキューバダイビングというマリンレジャー産業が生まれたことで，海をめぐるコンフリクトが生じてきた．

b. 漁業とマリンレジャー—確執から共存へ—

柏島の海はもっぱら漁業の場で，魚やサンゴを見て楽しむダイビングが行われるようになったのはここ30年ほどのことである．ダイナミックな魚群や“レアもの”と呼ばれる希少種の宝庫である柏島は，2000年頃には14軒ものダイビングショップが集まり，海はオーバーユース状態に陥った．当時，ダイビングボートを繋留する際に錨でサンゴを壊してしまったり，希少生物を見るために非常に多くのダイバーが集まることで，生物への悪影響いわゆる「ダイビング圧」の問題が生じた．漁師は漁の最中に無断でダイビングを始めて漁を妨げるダイバーたちに不信感を募らせ，漁業権を理由にダイバーの締め出しを図ろうとし，ダイバーは「海はみんなのものだ」と主張し，漁業者とダイバーの関係が悪化していった．そんな関係を打開するために，筆者はまずは海のルールづくりを試みた．しかし協議はなかなか進まなかった．折しも沖縄県宮古島や静岡県沼津市大瀬崎沖で同様の問題が起こり，裁判で争っている頃だった．裁判で判決が出ると勝者と敗者が生まれる．しかしこの海で今後も生業を続ける人たちにとって，しこりが残り続けることは避けたい．白黒つけずにグレーゾーンという形で両者が折り合いをつけるべきと考え，筆者は妥協案を模索した．その結果，これまで長い間漁業を営んできた漁業者にダイビング業者が配慮するという形をとり，時間をかけ両者の信頼関係を構築していく中で五分五分まで持っていこうという方向に落ち着いた．当然それに反発しルールを守らないダイバーもいたが，ダイビング業者同士でルールを守るよう説得を試みたことで，次第に反発も落ち着いていった．しかしルールというものはそれぞれが自らの要求を100％満たすものではなく，ある種の痛み分けでしかない．ダイバーと漁業者とのさらなる良い関係を築いていくためには，ルールにプラスアルファが必要だ．漁業者は「ダイバーがいくら来ても漁業者にはメリットはない」と言うが，それならよそから来るダイビング客や釣り客を自分たちの客にしてはどうかと始めたのが，地元の魚や郷土料理などを販売する「里海市」だ．こうして漁業者とダイバーがそれぞれの存在を認め合い，共存していく道を模索した結果，里海市開始から数年後，魚の加工販売を行うグループや食堂が起ち上がるなど，自然環境を活かした小さな生業が生まれた．

c.　ダイビング業者と漁業者の協働—アオリイカの人工産卵床設置—

2000 年当時，地元の漁業者にとって現金収入となっていたアオリイカが釣れなくなるという問題が起きた．これによって漁業者から「ダイバーが潜るからイカが釣れなくなった．ダイバーを追い出せ」という意見が噴出した．アオリイカが釣れなくなったのはダイバーが潜るからなのか？ アオリイカは藻場を形成するホンダワラ類に産卵する．潜水調査によると原因は磯焼け，つまり藻場の減少の可能性が高いと筆者は判断した．漁業者とダイバーが対立していては，海も暮らしも守ることができない．そこで,「ダイバーを追い出すよりもダイバーと協力してアオリイカを増やすことをしませんか？」と声をかけて 2001 年から取り組んだのが，アオリイカの人工産卵床設置活動である．ダイビング業者と漁業者の関係改善が目的で始めた活動だが，3 年目からは地元大月町や宿毛市の森林組合の協力を得て，この活動を子どもたちの環境学習プログラムにした．小学生が山で間伐体験をして廃棄される枝葉を持ち帰り産卵床を作成し，ダイビング業者や漁業者が設置する．産卵の成果は海中写真やビデオ映像を使った環境学習会で子どもたちや漁業者に還元する．子どもたちは自分が暮らす島の山と海を耕す取り組みに参加し，山・川・里・海のつながりを実感することで,地域の自然に関心と愛着を持つ里海づくりの担い手に育っていく．4 年目からは近隣の市町村にも活動の輪が広がり，宿毛湾全域で人工産卵床設置が広がり，子どもたちの環境学習のネットワークも広がっていった．この取り組みは地域の子どもたちが核になることで,これまでは関係が良くなかったり，薄かったりした人たちも，子どもたちのためなら協力しようと参加を促す結果となった．

皆で取り組むことを意識した結果，漁業者，ダイビング業者，森林組合，小学校，PTA，行政と協働の輪が広がっていった．またこれらの取り組みが県内だけでなく全国の新聞や雑誌，メディアでも数多く取り上げられた結果，他県からの視察も増え，活動は全国にも広がりつつある．

課題は，経済的な持続性と目指すべき自然再生のあり方である．これまで，民間財団などの活動助成を受けてダイバーの日当や傭船費などの費用を賄ってきたが，それも限りがある．ダイバーにとっては大きな負担となる過酷な作業であるし，関係者が増えれば細かな準備作業も増えてくる．相応の対価を支払うためには経済的に成り立つ仕組みが必要である．その試みとして，2012年から「アオリイカのオーナー制度」を始めた[1]．全国から産卵床1本につき1万円の寄付を募り，アオリイカへのメッセージプレートを書いてもらい「マイ産卵床」を設置し，1口につき約1kgのアオリイカを漁業者から買い上げて送るというものだ．その際にマイ産卵床に産み付けられた卵や，アオリイカの産卵の様子などの水中写真，美味しく食べるためのさばき方やレシピも合わせて送っている．最近では年間100口を超える申し込みがある．これまで地域の課題解決のための活動を地域の人と一緒にやってきたが，柏島に直接関係がなくとも，こうした活動に関心を持って応援してくれる関係人口を全国に増やす試みとなっている．

d. 地域の環境と人間関係に配慮したサステイナブル・ツーリズム

現在はオーバーユースを防ぐため，ダイビングポイントにはアンカーリングブイを設置し錨による船の繋留はせず，一度に繋留できる隻数を2隻までとした．漁業者との関係では，漁協との取り決めで特定魚種の漁期にはそのポイントで潜らない，漁協に環境保全協力金を納めるなどのルールが徹底され，よそ者であったダイビング関係者らが島の消防団活動にも参加するなど，両者の関係は非常に良好なものとなっている．

〔神田　優〕

引用文献

1）黒潮実感センター：アオリイカのオーナー（里親）．
https://www.kuroshio.asia/service/owner/（参照2023年1月26日）

1.3 まちづくりとの関わり

1.3.1 解　　説

a. まちづくりにおけるシンボリックな存在の意義

環境・経済・社会の統合による相乗効果を生み出すことを期待して，まずは環境に対する市民理解を促すために，独自のまちづくりを象徴する生物をシンボルとする自治体が少なくない．また，そのまちのシンボリックな生物を保全することで，減少・消失しつつある他の種を含めた地域全体の生物多様性の保全・再生につなげることができるため，関連するSDGs達成にも効果的である．さて，特にコウノトリやタンチョウなどの大型鳥類はよく目立ち，まちづくりを代表する種に適しているといえ，特産品や観光商品などの開発にも活かされるなどの地域活性化に大きく貢献する活動事例も見られる．一方で，イタセンパラのような人目につきにくい小型淡水魚もまた，その可憐な姿ゆえに地域にとって大切なシンボルとなり，保全・再生をはじめ様々な取り組みを成功に導く貴重な存在となっている．このようにその地域のシンボルとなる生物は，文字通りの大小にかかわらず，自然環境と社会経済が好循環するまちづくりへの取り組みには欠かせない唯一無二の存在であるといえる．

兵庫県豊岡市（1.3.2項）の「豊岡市コウノトリと共に生きるまちづくりのための環境基本条例」では，具体的な行動指針として，地産地消や環境創造型農業の推進，コウノトリツーリズムの展開などを進めている．コウノトリを活かした観光振興を狙い観光客を呼び込み，コウノトリに関心を持つ多数の外部者が訪れ交流人口が増加する中で，温泉地や周辺地区の地域住民を含め市民全体の環境に配慮する意識を高めることも重要である．さらにコウノトリの野生復帰を力強く推進するため，「豊岡市環境経済戦略～環境と経済が共鳴するまちをめざして～」を立て，豊岡ブランドを推し進め，湿地保全による相乗効果を期待して，地域の経済的発展に貢献する様々な試みがなされている．例えば，冬季湛水などの様々な技術を採用した「コウノトリ育む農法」によってつくられた米や，ラムサール条約登録湿地から運ばれてくる豊かな栄養分に育まれた特産わかめなどが特徴的である．

また，富山県氷見(ひみ)市では，「氷見市イタセンパラ保護増殖事業計画」を策定し，生息地の環境整備や増殖個体の管理などが行われている．さらに文化庁や環境省による地方公共団体の指定を受け，イタセンパラの情報収集や飼育技術は着実に向上し成果を上げている．しかし，イタセンパラは水中に生息し直接目にする機会が比較的少ないため，いかに市民に認知してもらうかが大きな課題である．保護事業が進展する中で，繁殖に成功した個体を活用して常設展示や産卵行動の公開等を実施できるようになり，その結果，絶滅危惧種に関する環境教育や郷土学習が実現し，イタセンパラと市民との距離が確実に近づいてきたといえる．そして，イタセンパラは地域の宝と位置付けられるようになり，外部から多くの人や資金を呼び込むほどの魅力があると再認識されるようにな

図1.8　ひみラボ水族館における学習（提供：氷見市教育委員会）

った．現在，滞在型／参加型学習の場である「ひみラボ水族館」を拠点に，きれいな水辺を観光資源とするアクアツーリズムが新たに企画されており，イタセンパラをはじめ地域特性を活かしたまちづくりによる経済波及効果や雇用創出が期待できる（図1.8）．

b.　野生生物との共生とまちづくり

特定の野生生物をシンボルに掲げて豊かな生態系を築いていくことが，私たち人間の暮らしや生業に大きな成果を生み出していると思われる．特にコウノトリのような大型鳥類の生息域の広がりから考えると，そのような影響の範囲は全国，世界へと波及していくといえる．しかし，人口減少や過疎化が進む日本の今日的状況においては，担い手不足の深刻化によって生息地の1つである水田管理が難しくなっている．生物多様性保全に与えるマイナスの影響だけでなく，地域存亡の危機として地域を支えるコミュニティそのものが成り立たない状況も考えられ，人工湿地である水田を維持管理し活用することは，持続可能な社会をつくるためのSDGs達成に多くのメリットをもたらすといえる．

こうした状況に応じて，水生生物の保全を目的とした放棄水田の新たな植生管理手法を試みる事例や，生物多様性豊かな湿地として機能させるための自然再生の新たな姿かたちも見えてきた．特に，田のまわりの水路（江）の設置や湛水休耕田などのまとまった開放水面の維持管理を通して形成された，様々な動植物が生息・生育できる空間はビオトープと呼ばれ，生物多様性の保全を意識したまちづくりに活かされている．例えば豊岡市は，地域住民が主体的に維持管理する耕作放棄地のビオトープ化を進め,「水田ビオトープ」と呼ばれる豊かなフィールドは小学校における環境学習の場としても役立ち，人間を含むあらゆる生きものが集う場所となっている．

また，野生生物との共生を目指したまちづくりの事例として，鹿児島県出水（いずみ）市の取り組みがある（1.3.3 項）．出水市は，世界有数のツルの越冬地として豊かな湿地帯に恵まれた場所である．市民にとっての「ツル」とは，県ツル保護会を中心にねぐらの管理や給餌活動が行われたり，近隣の中学校では伝統的な羽数調査が行われたり，現在は市内の小中学校でツル学習が浸透するなど，馴染み深い鳥である．一方で，水田，養鶏や海苔養殖などの農業や漁業が盛んな地域であると同時に，国内外からバードウォッチングなどで訪れる観光客も多いことから，地域住民と来訪者との共生には大きな課題があるといえる．そのような今日的状況の中で, 2021 年に干拓地を中心とした田園地帯が「出水ツルの越冬地」としてラムサール条約湿地に登録されたことは画期的なことであった．とりわけ登録湿地の保全・利活用計画の策定に向けては，湿地の保全・再生，賢明な利用（ワイズユース）と交流・学習の 3 つの基盤に付け加えて，鳥インフルエンザへの防疫の強化や野鳥観察ルールの策定などを進める「越冬地利用調整」に重点を置いたことは特筆すべき点である．そして，市特有の 4 本の柱が相互に補完し合うことで，持続可能な環境・経済・社会を実現させるとともに, ツルをはじめとする野鳥との共生を目指していることも注目に値する．

c.　湿地を活用したまちづくりと期待される波及効果

このように環境を軸とした経済や社会の統合的向上を目指す取り組みは SDGs 達成にも大きく貢献するだけでなく，多くの市民が湿地の重要性を見直す機会にもなる．地域にとって湿地の保全・再生やワイズユースは費用対効果の高い投資であるといえ，これらの取り組みをあらゆる主体による連携協力を通して進めることが結果として，経済的観点から見てコミュニティ全体の暮らしや生活を守るといった経済厚生につながっている．そして，地域にとって馴染み，親しみ深い鳥や魚をまちづくりのシンボルに位置付けることで，既存の農林水産業や観光業は生物多様性保全に取り組む産業としてブランド化され，地域振興への新たな可能性を生み出す創造的な事業になることもある．

多くの自治体では地域で生産された農林水産物, 土産品や旅行商品などを PR するロゴマークを公募などにより作成し，ラムサール条約ブランド統一を通し

図1.9（左）小学生によるラムサールロゴマーク投票（提供：出水市），（右）採択されたロゴマーク
出水ツルの越冬地の豊かな自然環境の中でツルがくつろぐ姿を表現している．

て事業者との連携協力を図り，相互の発展に役立てている．先述した出水市の例を見てみると，ラムサール条約ブランド統一ロゴマークを一般募集した中から3作品を市が選考し，その後，市内の小学校6年生による投票で決定した（図1.9）．湿地の持続可能性に貢献し得るまちづくりの実現に向けては，農林漁業者や土地所有者，地域の大人や子ども，メディア関係者，著名人らがそれぞれの役目や役割を発揮し，多様な生きものを育み，受け入れる豊かな自然環境を地域資源として活用するために，みんなで応援し取り組むことが何よりも大切である．

〔田開寛太郎〕

1.3.2　事例1：コウノトリと共生するまちづくり

コウノトリは大型の渉禽類で大食漢である．主な餌場は湿地であり，水辺の環境（生態系）の影響を直接的に受けるため，コウノトリ保護とは，すなわち水辺の保全・再生と同意義である．兵庫県豊岡市ではコウノトリを環境のシンボルと位置付け地域づくりに取り組んでおり，「コウノトリと共に生きる」豊岡づくりを進めてきた．

農業や生活の近代化によりコウノトリはその数を減らし，最後の生息地となった豊岡も近代化の波に乗り1971年には野生絶滅することとなる．しかし，それ以前の1955年に兵庫県と豊岡市そして民間が共同で，「但馬コウノトリ保存会」を発足させ，官民挙げての保護運動が始まっていた．1965年には，コウノトリの人工飼育を開始するが成功せず，高度経済成長期の世間からの風当たり

図 1.10　田んぼで採餌をするコウノトリ（提供：筆者）

は厳しかったに違いない．しかし兵庫県の知事が何代も変わっても，豊岡でのコウノトリ保護は脈々と継続されてきた．そのおかげで今，コウノトリは2005年の放鳥以後，2017年には47都道府県での飛来が確認され，2021年度には28ペアの野外繁殖が確認されるなど，順調に羽数を増やしている．

豊岡市では，コウノトリの生息していたかつての里山風景を甦らせるという思いで野生復帰を通じたまちづくり運動を展開してきた．その基本は「生きものと共生する社会」という新しい価値観を創造するということだ．コウノトリの主要な餌場は湿地であり田んぼである（図1.10）．つまり，近代化によって変化した人々の暮らしを，どのようにして生きもの共生型という文化とSDGsの観点から継承改善していくかが重要となる．

新たな価値創造として，豊岡では2003年から生きものと共生する「コウノトリ育む農法」が取り組まれブランド化されている．この農法は，徹底した学習と技術の習得が必要なため，生産者，農協，行政が三位一体となって推進したが，その大きな原動力となったのがコウノトリとその復活のストーリーである．作付面積はコウノトリの放鳥以降順調に拡大し，2021年度は434.6 haまで増えたものの，豊岡市内の水稲作付面積2729.4 haに対して15.9%にしかならない．

また，生産者第一世代の引退が見られる今日，将来に向けて「コウノトリ育む農法」をどう継続させていくか重要な時期にきている．消費については，市内の小学校で週5回コウノトリ育むお米（減農薬米）が給食として提供されるまできたが，目指すは全量無農薬米だと考える．子どもたちに安心安全なお米を食べてもらい地域全体の健康を育むことが当面の課題だろう．

コウノトリは飛翔力が強く，羽数の増加も相まって全国，また東アジアに飛来するようになった．コウノトリの生息する環境づくりは，豊岡市や日本だけでなく，東アジアも視野に入れて取り組んでいくことが，今後の課題だ．それには，地域間ネットワークを構築しなければならない．その大きな武器が「コウノトリ市民科学[1]」である．全国のコウノトリ目撃情報から見えてきたことは，渡良瀬（わたらせ）遊水地や河北潟（かほくがた），レンコン畑の広がる鳴門（なると）市，綺麗な農村地帯の雲南市など，人が気がつかないだけでコウノトリから見ればまだまだ良い水辺が残っているということだ．そこでは，コウノトリを核にした環境創造型の地域づくりが始まっている．また，コウノトリは一度繁殖するとその場所を拠点とする習性があるため，人工巣塔を建ててコウノトリを誘引し，シンボルとしてじっくりと地域づくりに活かす取り組みも行われている．巣塔の設置をきっかけに，地域の小学生がコウノトリや，生態系ネットワークに目を向けるきっかけになり，環境学習の教材になっている．

今後も地域づくりにコウノトリが大きな力を発揮して水辺を豊かにしていくことだろう．

〔**永瀬倖大**〕

引用文献

1）日本コウノトリの会ほか（2022）：コウノトリ市民科学．
https://stork.diasjp.net/

1.3.3　事例2：「ツルの越冬地」出水市での持続可能なまちづくり

a.　ラムサール条約登録に向けた経緯と保全・利活用計画

出水（いずみ）市ではツルの保護やツルに関する環境教育が長年取り組まれてきた．農中・酒井[1]が明らかにしたように，地域の学校で組織化されてきたツルクラブによる羽数調査等の実践，出水市ツル博物館クレインパークいずみ（以下，クレインパークいずみ）による環境教育実践はその典型例であろう．

また，出水市ではツルを活用した観光事業も多数取り組まれてきた．ツルを間近で観察することができるツル観察センターには，1989年のオープン当初多くの観光客が来館した．1990年代半ばのクレインパークいずみ開館も県内外から多くの観光客を呼び寄せた．しかしながら，観光客がツルを撮影するために無断で住民の庭先に侵入するなどのマナーの悪さが顕在化した．近年では高病原性鳥インフルエンザによる風評被害などもあり観光客数は減少の一途を辿

図 1.11　出水市に飛来したツル（提供：クレインパークいずみ）

り，観光業の整備や立て直しは急務とされている．

出水市では1万羽を超えるツルの一極集中も問題視されてきた．高病原性鳥インフルエンザの蔓延もあり，ツルの絶滅リスク軽減を目的とした分散化は喫緊の課題であった．そこで2002年から環境省と出水市は，ツルの分散化に向けて他自治体と連携し活動を開始した．また，両者は住民生活や自然環境の維持，鳥インフルエンザの拡散リスク軽減も意図して，観光客の乗り入れ規制の社会実験も行っている．

このような課題及び歴史的背景を踏まえ，出水市は環境保全，観光振興，農畜産物のブランド化などを目的に2019年からラムサール条約登録に向けて動き始めた．2020年1月には条約締結に向けて地元の漁業・農業協同組合や商工会議所，学校関係者らから成る登録推進協議会を発足した．2021年2月には，トキの野生定着を進める新潟県佐渡市等を招き，自然と共生する地域活性化を考えるシンポジウムを開催した．ツルを広く学ぶことが可能な「ツル科」が設置された小中一貫校の鶴荘（かくしょう）学園の児童生徒は，ナベヅルなどをモチーフにした缶バッチを制作し条約締結に向けたアピール活動も行っている．こうした多様な主体による取り組みを経て，2021年11月ラムサール条約登録に至った．

ラムサール条約登録を契機として，協議会は出水市全域を対象に「出水市ラムサール条約湿地保全・利活用計画」を策定した．ラムサール条約では通常湿地の「保全・再生」，「賢明な利用（ワイズユース）」，これらを促進する「交流・学習」が柱となる．しかし，先述した高病原性鳥インフルエンザへの防疫体制の強化や住民と来訪者の共生が地域特有の課題であることから,「越冬地利用調整」も加えた4つの柱で具体策を計画している.

b.　クレインパークいずみによる持続可能なまちづくりに向けた取り組み

市内では，環境教育や持続可能なまちづくりなどの文脈においてラムサール条約登録に関連した実践が多岐にわたり展開している．その中でも特筆すべきはクレインパークいずみによるエコツーリズムガイド養成講座である．本講座は，出水市の自然や文化の魅力を発信できるガイド育成を狙いとして，2020年から2年間の基礎・応用講座として実施された．受講生は30代から70代も多く参加した.

講座ではエコツーリズムの概要や，ツルや野鳥のガイド講座などだけでなく，エコツーリズムプログラムの企画や事業化の方法，バスガイドのモニタリングツアーなどの実践的かつ応用的なプログラムが実施された．講座を通じて出会った受講生らは，月に1回野鳥の自然観察会を有志で開き自ら学びを深めた．また出水麓歴史館調査や歴史的建造物に関する研究会も主催し，出水市の自然環境だけでなく，文化や歴史も踏まえたエコツーリズムの検討を進めた．一連の活動を通じて，最終的に全参加者12名がガイドとして認定され，今後はガイドサービスの組織・事業化や，年間を通じて地域の自然と触れ合える環境プログラムの策定も目指されている.

ラムサール条約登録を契機に，多様な地域住民が観光という分野で地域を学び合いながら持続可能なまちづくりに向けて動き始めている．今後の出水市の取り組みから目が離せない.

〔酒井佑輔・髙橋知成〕

引用文献

1）農中　至・酒井佑輔（2019）：ツルに関わる環境教育・活動の意義―鹿児島県出水市，阿部　治・朝岡幸彦監修，湿地教育・海洋教育，pp.109-116，筑波書房.

第2章 湿地とビジネスの関係性

2.1 解説：ビジネスと湿地の望ましい関係性とは？

2.1.1 はじめに

本章では，湿地とビジネスの関係性を考える．ここでは「ビジネス」という単語を，営利目的の実現のための経済活動の実施と狭義に定義をし，ビジネスの主体は個人・法人の双方を含む営利企業とする．

SDGsがこれほどまで社会全体に浸透した1つの要因として，ビジネスの主体が積極的にSDGsを参照したり活用したりしていることが挙げられている．SDGsの中にはビジネスに関係する目標やターゲットが多数含まれている．例えば，目標12「つくる責任つかう責任」のターゲット12.6では，特に大企業に対し，生産や消費に関して持続可能な取り組みを行うよう促している．他にも，雇用や労働環境といったビジネスの主体自身に関するものや，廃棄物削減や自然保全といったビジネスの外部影響に関するものが多数含まれている．さらに，農林水産業，製造業，エネルギーやインフラなど，業界に固有ともいえる目標やターゲットも存在する．

SDGsに対するビジネスの貢献を考える際には，CSR（corporate social responsibility，企業の社会的責任）やCSV（creating shared value，共通価値の創造）といった，経済活動であるビジネスと社会や環境との関係性についての概念を踏まえる必要がある．気候変動や生物多様性の減少といった地球環境問題が深刻化して社会にも大きな直接的影響を与えるようになりつつある中で，ビジネスにおいても，湿地を含む自然環境を一方的に消費し破壊することは戒められ，一定の配慮を求められるようになってきたといえる．さらには，湿地自体やそれを取り巻く人々から新しいニーズを見出したり，それらが抱える課題を解決するためのイノベーションを生み出そうとするビジネスも見られるようになってきた．

本章はビジネス全般を取り扱うわけではなく，湿地と直接的な関係性を持つビジネスに限定して考えているため，まずビジネスと湿地との関係性について概観する．次に，湿地を守りながら活用するという，ラムサール条約の理念である持続的な湿地の利用（ワイズユース）をビジネスと湿地との望ましい関係性とした上で，CSR や CSV がどのように差異化され全体の中で位置付けられるかを整理する．そして，様々な取り組み事例の紹介を踏まえて，ビジネスと湿地との望ましい関係性を実現していくために必要なことを議論する．

2.1.2　ビジネスと湿地の関係性—消費-保護という軸

ビジネスの湿地との関係性について，特に湿地への直接的あるいは間接的な影響が大きく，持続的な利用の面から注目すべき関係性について，1つの軸が考えられる．その軸の1つの極は，時に湿地の破壊や消失を伴う湿地を消費する利用形態であり，もう一方の極は，湿地を手つかずの状態で全く影響を与えない保護の形態である．湿地を消費するタイプのビジネスには，湿地における生産物を収穫する農林水産業やそれらを原料として用いる産業，湿地である場所を別の利用形態に変更する建設やインフラ開発などが挙げられる．一方で湿地を保護するタイプのビジネスは，観光産業が典型的な例といえる．湿地を対象とした観光であれば，基本的には湿地が存在しなければ成立せず，さらに湿地の状態が可能な限り観光の対象として望ましい状態である必要がある．ただし，この前提のもとで，消費的な性格の強い観光の形も存在すると考えられる．農林水産業は，集約的で湿地への負荷を大きくかける湿地を消費するタイプのものから，過剰に消費せず持続的な形で実施されている湿地を保護するタイプまで，グラデーションになっていると考えられる．

2.1.3　CSR と CSV を経済-環境の価値軸で位置付ける

次に CSR と CSV について説明する．CSR とは，企業がビジネスを行う上で避けられない社会への影響に対して取るべき責任を意味する．CSR に関する取り組みとしては，環境規制を遵守したり，労働環境を整備したり，環境や社会へのマイナスの影響について対策を行うこと，また，それらのマイナスを補ったり改善したりするための慈善的な活動がある．チャリティーなどの慈善活動については，その企業の本業以外の部分での活動も含まれる．CSV とは，戦略

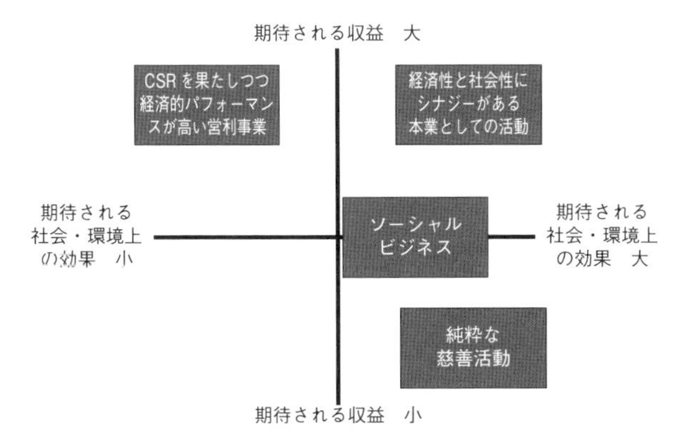

図 2.1　経済価値と社会・環境価値との関係性における CSR・CSV 活動の位置付け（文献 1 図 3 を著者改変）

的 CSR とも呼ばれ，社会や環境の価値に配慮したり，向上させたりするだけでなく，経済的な価値つまり収益も同時に向上させる取り組みを意味する．本業である事業と関連の強い分野での取り組みが中心であるが，新たな領域へと進出しイノベーションを起こす企業の取り組みもある．従来の CSR 活動に加えて新たに登場してきた CSV という考え方を経済価値の大小を表す軸と，社会・環境価値の大小を表す軸の 2 軸によって四象限に分けて解釈することがしばしば行われる(図 2.1)．図 2.1 の右上に位置付けられる活動が CSV に相当する活動である．これまでの経済と社会・環境の価値の対立を前提としたビジネスの CSR 活動（図 2.1 の左側）や一定の利益を上げるもののそれが不十分と認識されるソーシャルビジネスから，CSV に向かうことで他社との競争にも有利になると考えられている．

湿地とビジネスとの関係性を考える上で，図 2.1 のような 2 軸ではなく，収益を上げるという経済価値と，湿地の持続的活用による保全という社会・環境価値を 1 つの対立する軸として捉え，もう 1 つの軸を上で記したような湿地の消費的利用と保護的利用の軸として整理することができる（図 2.2）．図 2.1 のような社会・環境価値の大小という視点には，環境面が含まれているが，図 2.2 ではそれをより詳細に表現することにより，ビジネスと湿地との望ましい関係性に向かうために，活動を整理・位置付けしやすくなる．図 2.2 において，経済価値と社会・環境価値の双方を高め，かつ，湿地の持続的利用を達成できるビジネスは，図 2.2 の中心（原点）に位置すると考えられる．ただ，対象とな

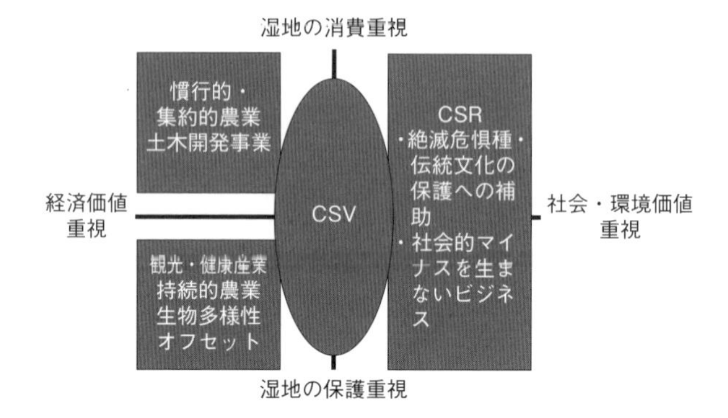

図 2.2 湿地の消費・保護の軸を取り込んだビジネスの位置づけ

る湿地によっては，手つかずの保護が望ましい場合もあるし，一定程度人手が加わった管理が必要な場合もあるため，図 2.2 上では上下に一定の幅を設けて示している．これらの CSV が達成されることがビジネスと湿地の望ましい関係といえる．

2.1.4 事例から考える湿地とビジネスの望ましい関係性

次に，本章で紹介されているビジネスと湿地の関係性について考える上で有用な様々な取り組みを取り上げながら，これらの望ましい関係性を実現していくために必要なことを議論したい．

まず，図 2.2 における右側，特に右下に位置し，図 2.1 で右下に位置するようなビジネスの取り組みは，フィランソロピーと呼ばれる伝統的な CSR として存在する．本業の事業と湿地の利用や保全との関係が弱いプロジェクトの支援は，受動的な CSR（慈善活動）として実施されてきた．これまでの湿地とビジネスの関係においても，本業の事業が湿地を利用せずまた直接的な関係も持たない企業が，湿地を対象とした保全活動へ参加したり金銭的支援をしたりする事例は，しばしば見られており，伝統的な CSR 活動の典型的な事例といえる．本章では，アサヒビールや MS＆AD の活動（2.2.1 項，2.2.2 項）として紹介されている．このような CSR 活動は，湿地の保全という観点からのみは，極めて望ましい取り組みといえる．一方でこのような CSR 活動は，企業と社会を対立的に捉えた，利益優先の企業活動を重視する観点からは批判の対象にもなってきた．社会に対して良い行いをすることにより，間接的な企業イメージの改善につながることで，最終的に収益増加にもつながるという考え方も存在するが，その効果を評価することは困難であり，株主からの評価も分かれることがある．また，CSVのような社会価値と経済価値とを同時に高める取り組みとも異なる．しかし，湿地保全のような本業の事業とは関係の弱い分野で活躍するステークホルダーと交流することにより，これまで有していた本業での人的ネットワークからは得られなかったであろう情報やイノベーションを得られたり，同業他社が有していない希少な経営資源を獲得できたりする可能性もある[2)]．MS＆ADの事例では，自然災害を緩和する機能を持つ湿地という視点にも気づきを得ており，上記のような視点での活動の発展が期待される．

次に，湿地を消費しながら利用するビジネスとして，湿地に大きな負の影響を与え得る農業あるいは農産物を利用する産業を考える．これらのビジネスは，多くの場合，図2.2の左上に位置しているが，これが左上から左下に向かい，かつ，より図の中央に向かうことが望まれる．サントリーの取り組み（2.3.1項）においては，ウイスキー製造に必要な泥炭は湿地から採取しているため，その消費を補う目的で泥炭湿地の再生や保全を行っている．また，泥炭湿地の再生や保全は，製造業に不可欠な資源の持続的な利用を保証するためだけでなく，湿地が供給する様々な生態系サービスの保全にもつながることを意識している．これにより図2.2の右側に向かうことも期待できる．さらに，上述したように，地元研究者や泥炭湿地の保全活動をしている関係者らとの交流により，ウイスキー製造における新たなイノベーションが生まれることも期待される．このようなビジネスが湿地に与える負の影響を代償する形での活動は，アメリカの湿地ミティゲーションバンキングの仕組み（2.3.2項）にも見られるものである．サントリーの取り組みは，泥炭湿地の利用に関する規制がつくられることを見越した活動とも考えられるが，現状ではボランタリーなものである．アメリカの場合，湿地への残存影響の代償行為が開発許可要件になる．この規制によって生まれたバンキングのビジネスは，従来の保全や再生活動といった図2.2の右下の活動を，経済価値を生み出す活動に変容させたともいえる．これにより図2.2の左へと向かうことを意味する．しかし，開発事業により湿地が失われることに変わりはないため，ノーネットロスやネットゲインといった目標を厳密に達成することが必要不可欠となる．

最後に，湿地を利用することで得られた利益を，湿地の保全に活用するという視点から，ビジネスと湿地の関係性を考える．サントリーの取り組みや，アナツバメの巣の採取ビジネス（2.3.3項）は，湿地を，直接・間接に，消費する形であるいは保全する形で利用することで利益を得ている．得られた利益の中から，前者の場合は，自らが消費した泥炭を再生しており，後者の場合は，アナツバメが利用している泥炭湿地林の再生や保全をしている．後者の場合，アナツバメが利用する湿地であるため，ビジネス自体が湿地環境を消費しているわけではない．これらの事例は，自ら得た利益を再度将来の自らの利益を維持するために活用していることになるが，湿地を再生したり保全したりすることで，湿地から供給される他の生態系サービスを維持することにつながったり，火災予防によって広範囲に影響を及ぼしている環境問題の対策につながったりしている．これは，湿地のみならず1つの生態系は，様々な生態系サービスを供給することで多くの人々に貢献しているという特徴を持つために生じる（bundle と呼ぶ）．こういった湿地の持つ特徴を意識することで，社会・環境の価値を高める活動になり得るし，さらに，そこから新たな経済価値を生み出せる可能性もある．

2.1.5　おわりに

本章で取り上げた取り組みの事例においては，本業と関係のある部分での活動は見られるものの，その活動がこれまでとは異なる新たなビジネスとなり，プラスの経済価値を生み出す事例は扱えなかった．今後はこのような取り組みが多く生まれることを期待したい．

日本湿地学会ではビジネスと湿地に関する研究部会を設置している．湿地の活用や保全について先進的な取り組みを実施している方々から講話をいただき，部会員（学会員）とともに，ビジネスと湿地との関係性のあるべき姿や，今後の新たな展開について議論している．この部会活動を通じて，湿地学会が学術団体として実施可能な社会貢献について検討している．ご関心をお持ちの企業の方は，個人会員だけでなく団体会員の枠もあるため，ぜひ学会に入会いただき，部会にて一緒に議論ができれば幸いである．　**〔太田貴大〕**

引用文献

1）岡田正大（2012）：「包括的ビジネス・BOP ビジネス」研究の潮流とその経営戦略研究にお

ける独自性について，経営戦略研究，12，17-52.
2）樋口晃太（2020）:「社会問題の解決」が企業の競争優位につながるメカニズムの理論的考察― CSV（共通価値の戦略）を中心に，企業研究，**37**，167-191.

2.2　CSRの事例

2.2.1　北海道環境財団と企業による湿地保全の取り組み

a.　企業のサステイナビリティ推進活動と湿地保全活動の橋渡し

北海道環境財団では，初代理事長が湿地研究の権威である辻井達一（1931～2013）であったことや北海道が湿地の宝庫であることを背景として，企業による寄付やサステイナビリティ推進活動と，市民による湿地保全活動との橋渡しが大きな役割となった．ここでは，当財団が関係した3つの活動を紹介する．

b.　アサヒビール株式会社との協働

2006年からニッカウヰスキー商品の売り上げの一部をご寄付いただき「鶴の恩返し」キャンペーン事業（北海道統括本部主催）として，道内の湿地保全団体の活動支援を実施している．また，北海道を加えた三者連携による取り組みで，ビールの売上げの一部を自然保護・保全活動に役立てる「アサヒスーパードライ『うまい！を明日へ！』プロジェクト」(2009～14年）を辻井達一の指導のもと，各ラムサール登録湿地での様々な活動を支援するかたちで実施した．2014年には北海道大学で開催された日本湿地学会第6回大会を支援し，これらの活動報告として冊子「北海道の湿地！を明日へ！」を作成し配布した．最近では，「鶴の恩返し」キャンペーンの資金を使い，北海道湿地フォーラム2020実行委員会主催によるイベント「シッチスイッチ―僕らは湿地でできている」の開催支援を行った．

c.　北海道e-水プロジェクトの推進

北海道コカ・コーラボトリング，北海道及び当財団の協働事業で「い・ろ・は・す天然水555 ml PET」の売上げの一部をご寄付いただき，北海道の水環境を保全する助成制度「北海道e-水プロジェクト」(2010年度～）により，団体の水環境保全活動を支援している（図2.3）．活動内容は，湿地を含む水辺環境保全の普及啓発や環境学習，研究，自然再生，外来種の駆除活動，手作り魚道の設置など多岐にわたる．昨今は，深刻な問題となっているプラスチック汚染問題

図 2.3　北海道 e-水プロジェクトの自販機用ポスター（提供：北海道コカ・コーラボトリング）

図 2.4　ほっくー基金北海道生物多様性保全助成制度募集のポスター（提供：北洋銀行）

を対象とした活動もあり，湿地を含めた環境保全が道内の環境団体にとって重要で身近な分野であることは確かである．

d.　ほっくー基金北海道生物多様性保全助成制度の運用支援

北洋銀行では，サステイナビリティ方針に基づき，環境保全団体を支援する「ほっくー基金北海道生物多様性保全助成制度」（図 2.4）を運用している．当財団はその制度設計に携わったほか，助成団体の募集・審査・相談対応の業務を受託している．ここでも，湿地環境での子どもの自然体験や生態系サービスに関する啓発事業，清掃活動などが取り組まれている．なお，本制度は環境省が支援する「21 世紀金融行動原則」の 2020 年度最優良取組事例において，特別賞（運営委員長賞）を道内の金融機関で初めて受賞した．

e.　企業と SDGs

現在，すべての企業に対し，ESG 課題への取り組みと SDGs 達成への貢献が求められている．湿地保全はその一部分であるが，SDGs ウェディングケーキモデルにあるように，健全な地球環境が基盤となり，生活や教育などの社会条件が成り立っていなければ経済の発展はないことを，関わる企業と常に確認しながら，環境系中間支援組織としての使命を果たしていきたい．　〔**内山　到**〕

2.2.2 MS＆ADによるラムサール条約登録湿地等の保全取り組み

a. なぜ“湿地”なのか

MS＆AD インシュアランス グループは，大切な水辺とそこで暮らす多くの生きものたちを守り，次世代に引き継いでいくため，「MS＆ADラムサールサポーターズ」を2010年から推進している．生物多様性の課題に早くから注目をしており，グループが発足した2010年，社員がこの課題を体験し，身近に感じるきっかけとして活動を開始した．

水辺は多様な生きものを育み，様々な生業や文化を育む場でもある．「ふゆみずたんぼ」のような持続可能な農業を推進することで，ワイズユースにもつながっている．また，いざというときに水を貯え，水災の被害を減らす「減災」にもつながる．損害保険事業を中核に持つMS＆ADグループが「ラムサールサポーターズ」として湿地の環境保全活動に取り組む理由はまさにそこにある．

b. 社員のボランティア活動

活動は当初全国8ヵ所で始まり，11ヵ所に広がった（図2.5）．地元NPO協力の下，外来種駆除，清掃や生きもの観察を実施し（図2.6），10年間で社員とその家族11672名が参加した（2020～21年は，新型コロナ感染拡大防止のため活動中止）．地元の自然，環境保全に目を向け，ラムサール登録などの湿地保全の役に立てるという意識は，グループとしての一体感にもつながっている．また家族で参加して環境について話すことで，次世代にバトンもつないでいる．

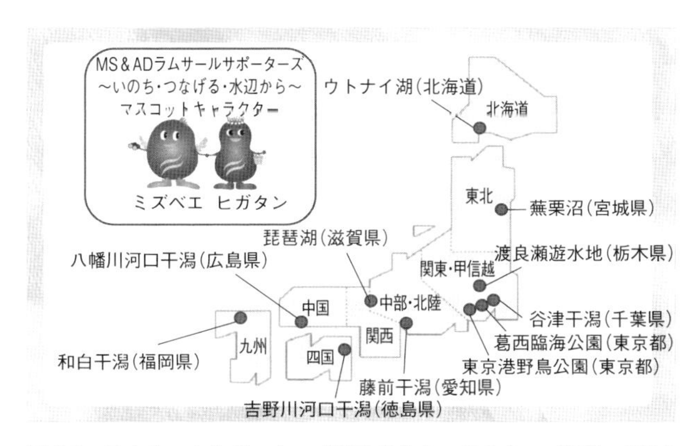

図2.5　ラムサールサポーターズ活動地とキャラクター（提供：MS＆ADホールディングス）

図 2.6 2018年11月谷津干潟でのヨシ運び（提供：MS＆ADホールディングス）

図 2.7 2021年10月出張授業で身を乗り出す子どもたち（提供：MS＆ADホールディングス）

c. 出張授業

本取り組みの一環として水辺の自然と生きものの豊かさを学ぶ環境教育プログラムを作成し，映像教材の配信と出張授業を行っている（図2.7）．田んぼに着目して命のつながりや渡り鳥にとっての日本の水辺の貴重さを伝えるプログラムは好評で，生物多様性の重要性について小中学生に伝える機会となっている．

d. ビジネスとの関連（Eco-DRR）

気候変動や生物多様性が世界共通の社会課題となる中，欧米ではNbSが注目を集めている．日本でも国土交通省がグリーンインフラに，環境省がEco-DRR

(Disaster Risk Reduction）に力を入れている．我々の活動も約10年が経過した．度重なる豪雨による災害も踏まえ，湿地の環境を守り，災害を防ぎ，また地域の活力が生まれる取り組みをどう支援できるか，ラムサールサポーターズの進化を検討している．
(2022年8月, 本取り組みはグループ全体の環境取り組みMS＆ADグリーンアースプロジェクトに包含し，活動場所と取り組み方法を変えて，新たな湿地保全の取り組みを開始［2022年11月現在］）〔浦嶋裕子・唐澤篤子・城　千聡〕

2.3　湿地利用の事例

2.3.1　サントリーグループのスコットランドにおける泥炭地及び水源保全活動「Peatland Water Sanctuary」

スコットランドでは，泥炭地が国土の1/4もの広い面積を占めている．泥炭地はウイスキーづくりにとって良い水を育むと昔からいわれており，そこに堆積した泥炭（ピート）は，ウイスキーの原料である麦芽を乾燥させる際の熱源として伝統的に使われてきた．現在でも，ピートを燃やして乾燥させた麦芽は，ボウモアやラフロイグのようなスモーキー，ピーティーな原酒の特徴付けのため，ピートを用いない麦芽とともに大事な原料として使用されている．

ところが近年では，この泥炭地が長年にわたる園芸用・商業用採掘，農業のための土地改良などの活動によって大きなダメージを受けている．泥炭地は，特にその炭素固定機能という観点から世界的に生態的重要性が認識されており，ラムサール条約，国連気候変動枠組条約とパリ協定，国連持続可能な開発目標（SDGs）など，様々な枠組みによって保全，復元活動が推進されている．イギリスでも，泥炭地の約80%が何らかの損傷を受けていると推定され，2009年からIUCN UK（国際自然保護連合英国支部）が「UK Peatland Programme」を始動，2018年には「UK Peatland Strategy」を発行し，2040年までに200万haもの泥炭地を良好な状態に戻す，という目標で活動が行われている[1)]．スコットランド政府も，2012年にScottish Natural Heritage（現NatureScot）と協力して「Peatland Action」を立ち上げ,「2030年までに25万haを復元する」[2)]という目標を掲げ，2020年以降10年間だけでも2億5000万ポンド（1ポンド＝150円換算で約370億円）の予算を計上している[3)]．資金の不足分は，IUCN

UK が主導する泥炭地復元活動の自主認証基準である Peatland Code などを通じ，民間からの流入も期待している．スコッチウイスキー製造のために使用されるピートは，イギリスの全採掘量の1%と低い割合ではあるものの，スコッチウイスキー協会はこれを重視，2021年1月に発行した持続性担保戦略の中で，泥炭の採掘，使用を責任を持って行うこと，泥炭地の復元，保全に貢献することを表明した．このような中，我々ウイスキー製造に携わる企業は，積極的に泥炭地保全に取り組む必要がある．

そこで，サントリーグループは，2021年10月，スコットランドでの泥炭地及び水源保全活動「Peatland Water Sanctuary」を立ち上げた．2030年までに400万米ドルを投資し，1300 ha の泥炭地保全を目指すとともに，関連する水源保全活動にも取り組む．さらに，2040年までにはサントリーグループで使用する泥炭の2倍の量を生み出すことができる面積の泥炭地保全を目指す．スコットランドからウイスキーづくりを学んできた日本のウイスキーメーカーとして，スコットランドの文化であるウイスキーづくりが将来も続いていくように，泥炭地保全を通じてスコットランド，そしてスコッチウイスキー業界に恩返しをしたい，という思想が，活動の根底にはある．

サントリーグループは，「水と生きる」をステークホルダーとの約束，「人と自然と響きあう」を使命に掲げ，創業以来，持続可能な自然との共生を目指してきた．その取り組みの一環として，2003年に水源涵養活動「天然水の森」を開始，現在日本国内約1万2000 ha に拡大している．「Peatland Water Sanctuary」という活動名は，この天然水の森活動の思想をスコットランドにも展開していくという意思を込めたもので，「天然水の森」の英語名である「Natural Water Sanctuary」になぞらえている．炭素蓄積機能，生物多様性保全，保水機能など，様々な大事な機能を持つ泥炭地を守っていくことを通じて，自然と水の恩恵を受ける企業としての社会的責任を果たしていきたいという想いの表現でもある．

具体的には，排水されて乾燥化した泥炭地では水の流出を制限する策を施し水位を上げる，浸食された表層は修復する，樹冠からの蒸発散を抑えるために不適切な樹木は伐採する，など状況に応じた様々な対策を実施し，湿潤な状態に戻して泥炭の堆積を促すとともに，泥炭地ならではの植生を回復させて保全していく．既に，アードモア蒸溜所周辺地域では，土地を所有する政府機関のスコットランド森林土地局，研究・計画及び再生工事の遂行を支援するジェームズ・ハットン研究所と連携して泥炭地復元活動を開始している．今後サントリーグループが所有する他のスコッチウイスキー蒸溜所の水源周辺地域，過去の泥炭採掘地などへと，ウイスキー業界，政府機関，NGOとも連携しながら活動を展開していく予定である．泥炭地から恵みを得る企業，業界として，我々が長期に渡って，真摯に，泥炭地の復元・保全活動に取り組んでいけるのか，真価が問われることになるであろう． 〔浅田太郎〕

引用文献

1) IUCN UK Peatland Programme (2018)：UK peatland strategy：2018-2040.
2) Scottish Government (2018)：Climate change plan：the third report on proposals and policies 2018-2032.
https://www.gov.scot/publications/scottish-governments-climate-change-plan-third-report-proposals-policies-2018/ (参照 2022 年 11 月 2 日)
3) Scottish Government (2020)：Scottish Budget 2020-2021 statement.
https://www.gov.scot/publications/budget-statement-2020-21/ (参照 2022 年 11 月 2 日)

2.3.2 アメリカにおける湿地ミティゲーションバンキング

公共インフラや住宅地を建設するときに，湿地を含む自然環境が失われてしまうことがある．現在では，環境アセスメントの制度が存在することが多く，このような開発事業の自然環境への影響は最小限になるよう配慮されている．しかし，開発の影響はできるだけ回避し，最小化したとしても，なお残ってしまう影響を代償するべきであるという考え方もある（ミティゲーション・ヒエラルキーと呼ばれる）．

開発影響の代償行為を，開発事業を実施するための許可要件としている国も存在する．その国の1つに米国がある．米国では，複数の法律に基づき，開発による自然環境への影響の代償行為が義務化されている．この中でも湿地は，Clean water act と呼ばれる連邦法において対象となっており，湿地の開発行為に対して代償行為が求められる．一般的に代償行為においては，「ノーネットロス」を達成する必要がある．湿地のノーネットロスとは，失われた湿地環境と同質同量のものを再生や創出することで，湿地の量を一定に保つことを意味する．また，最近ではしばしば「ネットゲイン」という考え方も導入され，失われた湿地環境の質と量を失われる前の状態に戻すだけでなく，以前より多くの，また，より質の良い湿地環境を再生や創出することも目指されている．

代償行為には，劣化した湿地環境の再生，湿地とは異なる環境になっている場所における湿地の創出がある．これらの行為には，湿地環境やそこに生息する生物に関する専門的な知識や技術が必要となる．湿地の種類によっても，これらの行為の容易さ，事業の成功率は異なる．米国では，このような湿地を含む自然環境の再生や創出を専門に行う企業が存在する．

ノーネットロスの達成のためには，一度代償のために用いられた湿地を再度別の代償のために用いることは避けなければならない．このため，制度上，代償に用いられる湿地は，二度と開発されないよう法的に保護されることが求められている．永久に湿地環境を保全・維持するためには，湿地のタイプによっては，除草などの定期的な管理や生息する生物のモニタリングなどが必要な場合もあり，一定の費用が永続的に必要となる．

米国では，専門的な知識や技術が必要となる代償行為を開発事業者が自ら実施することは少なく，専門の業者に委託することがほとんどである．この背景には，専門的な知識や技術が不足していると，湿地の再生や創出の失敗率が高まることが1つの理由としてある．また，上記のように，再生や創出した湿地環境を永続的に保全する必要があり，それらの管理作業も含めて専門業者に委託する方が費用対効果が高い．さらに，湿地の再生や創出が完了するまでには一定の時間を要するため，開発事業によって湿地が失われたときに，前もって再生や創出された湿地が存在しないと，一時的に湿地環境が失われた状態が生じてしまい，ノーネットロスを達成できないことになる．

このような点を踏まえて，米国の制度では，湿地のミティゲーションバンキングというビジネスを認めている．これは，湿地環境の再生や創出に関して専門的な知識や技術そして経験を有する企業が，これらの行為を行い（バンクをつくり），再生や創出により得られる湿地の質と量を「クレジット」という形で政府が認証するものである．そして，このバンクを有する企業は，開発事業をするために代償行為を必要としている企業に対して，クレジットを販売して利益を得る．政府からバンク及びクレジットの認証を得るためには，永続的に湿地環境を維持するための費用を拠出する必要がある．一般的には，専用の基金を設置し，その利子をあてる．この基金への入金は，バンクを設立する段階での入金と，クレジットの販売収益が入るごとの一定金額の入金がある．また，開発事業で失われるものと，再生・創出され得るものとの間での，湿地環境やそこに生息する生物の同質性を保証するため，クレジットが販売可能な地理的範囲が設定されており，その範囲外で行われる開発事業にはクレジットの販売は行えない．バンキングにより，湿地再生・創出の成功率が上がり，湿地の消失と再生・創出の時間差がなくなるという利点がある．

湿地ミティゲーションバンキングは，湿地の開発（消失）による経済価値の向上と，湿地の再生・創出を通じた保全という環境価値の向上という，一見すると相反する目的を両立させるビジネスといえる．しかし，この両立が達成できているかどうかは，様々な視点から検証されるべきことである．例えば，ノーネットロスを達成したという場合でも，失われた湿地と再生・創出された湿地の何を指標として比較したのかは重要である．米国では以前，湿地の面積を指標としてクレジットの認証を行ったり，ノーネットロス達成の判断をしたりしていた．これはシンプルであるものの，湿地の面積が確保されただけでは，湿地の様々な機能や生態系サービスは消失しているかもしれない．クレジットの販売可能範囲についても，湿地の機能や生態系サービスを享受する人々は，湿地上に存在するわけではないので，それらの損失分も含めた代償を考える必要もある．指標や評価すべき範囲を拡大するほど，ノーネットロス自体は困難となり，費用も膨大になる．失われるものと完全に同じものを再生や創出することは不可能であるため，コンセンサスの取れる指標や基準を設けるという困難な作業が必要になる．

このビジネスは，開発事業者に対する代償の義務化という制度がドライバーになっている．この許可制度が存在せず，ボランタリーな代償行為を期待することは，残念ながら現実的ではない．仮に，制度で求められる以上に，あるいは，その外側で，ボランタリーに代償行為を行う開発事業者が存在したとしても，制度が存在する場合と比べれば圧倒的に少ないであろう．湿地環境の減少が問題となっている現状では，ノーネットロスでは不十分でネットゲインが求められることは間違いない．また，現在の開発事業の代償行為はカバーされるものの，過去に失われた湿地の代償行為を遡って行うことについては，議論されることはない．このように課題が多い制度及びビジネスであるが，米国の取り組みの先進性や試行錯誤を繰り返して少しずつ状況を改善していく点は，学ぶべきことも多い．

〔**太田貴大**〕

2.3.3 アナツバメの巣採取ビジネスと泥炭湿地林の持続的な関係性

アナツバメの巣は，中華料理の高級食材として利用されてきた．また中国では，産前産後に好んで食べるという伝統もある．最近では，タイなどの東南アジア諸国で，伝統的な食材利用調理法と異なる栄養ドリンクとしての需要が増えている．

アナツバメは，東南アジアに広く分布する飛翔能力に長けた鳥類である．猛スピードで飛翔しながら飛翔性昆虫を捕食する．巨大な洞窟で多くのつがいが共同で繁殖する．この際，唾液によって，おわん型の小さな巣をつくる．この巣は，古くから中国で珍重されてきたが，免疫作用の向上などの様々な医学的効能を持っていることが科学的に証明されつつある．

アナツバメの巣の採取・輸出量が多い上位の国として，インドネシアやマレーシアが挙げられる．これらの国では，伝統的には洞窟で繁殖している野生の巣を採取する方法が取られてきた．しかし，洞窟の壁面における高所の採取作業は危険を伴うとともに，繁殖タイミングを考慮しない巣の乱獲の影響で採取量が減少している．これらの課題を背景にして，最近では，アナツバメを営巣繁殖させる目的に特化したビルを建設するようになっている．インドネシアやマレーシアをはじめとした東南アジア諸国では，ビルの中に洞窟の疑似環境を提供することでアナツバメを呼び寄せて繁殖させ，危険を伴わない効率的な巣の採取を行うビジネスが興隆している(図2.8)．このような営巣環境の提供は，伝統的には住居の2階などでも細々と行われていたが，最近は郊外などで専用

図2.8 (左) アナツバメ営巣用のビル (写真奥)，(右) アナツバメ (標準和名ジャワアナツバメ) (提供：筆者)

のビルの数が増えている．ビルの大きさは大小様々であるが，おおよその大きさは，床面積が数十 m^2 程度で，高さが 3〜5 階建程度である．巣の採取の時間間隔を一定程度の繁殖を許容する程度にすれば，個体数を維持しながら再生資源として持続的に利用可能である．

ボルネオ島のインドネシア領（カリマンタン）でも盛んにビルが建設されており，採取量は多い．採取された巣の多くはタイや中国に輸出されるが，安価で品質（色と形）が良いため人気がある．カリマンタンには，膨大な量の炭素が分解されないまま湿地中に堆積している泥炭湿地林という植生が広がっている．土壌は常時湿っており酸性度も高いため作物栽培には向かない．このため水路をつくり排水して水田や畑として利用する土地利用転換が広く行われてきた．農業利用のため乾燥された泥炭湿地林は，ひとたび火災になると多くの炭素を大気中に放出して，気候変動を加速させる．さらに，火災によって生じた煙は国内のみならず，シンガポールなどの他国へ流れていき，深刻な大気汚染問題を引き起こしている．泥炭湿地林の火災を防ぐとともに，生じてしまった火災影響を最小化するためには，湿地の排水を止め，乾燥化を防ぎ，さらに，乾燥化された場所を湿地に戻す再生（再湿地化）を行うとともに，火災が起きてしまった場合の素早い消火等の対応が必要である．最近では，エルニーニョ現象による乾季の少雨と長期化によって，5〜10 年に一度大規模な火災が生じるようになっている．

アナツバメの巣を採取するビジネスと湿地との関係性において，注目すべき点は 2 つある．1 つは，このビジネスが，環境影響の少ない，持続的な資源利用であるということである．このビジネスは，上記のような一定のサイズのビルを建設するが，オイルパームのプランテーションなど，広大な面積が乾燥化されるのに比べて，湿地への影響は小さい．また，継続的に繁殖可能なように巣の採取量とタイミングを調整すれば，持続的な生物資源利用にもなる．

もう 1 つは，アナツバメの巣の安定採取を動機付けとして，この種の重要な生息環境の 1 つである泥炭湿地林の保全を誘導しやすいという点である．アナツバメは飛翔性昆虫を採食するが，泥炭湿地林は採餌環境の 1 つとして重要と考えられている．営巣や繁殖といった行動を持続させるには，良好な採餌環境が必要である．さらに，泥炭湿地林の火災が生じると，アナツバメは飛翔や採餌ができず，繁殖が困難になる．これらの点から，安定的に巣を採取するためには，泥炭湿地林の再生や保全行動や，火災が起こった際の対応を積極的に取ることが有利となる．

これら2つの点を踏まえ，ビジネスと湿地との望ましい関係性である，アナツバメの生息環境である湿地の保全と，アナツバメの巣を介した持続的な湿地環境の利用がバランスを取った形で実現される可能性がある．現状，後者のような巣の安定供給のために湿地を保全するという動機があるにもかかわらず，このビジネスの主体が何らかの行動を取るには至っていない．一部の先進事例としては，コミュニティ全体でアナツバメの営巣ビルを管理し，巣の売り上げをその地域の火災対策活動に用いるといったものがある．ビジネスの収益（巣の販売益）は極めて大きいため，地域によっては巣の販売額が課税対象になっている．これらの税収は間接的には泥炭湿地林の火災対策にも用いられているものの，使途が当該の目的に限定されているわけではない．このように，ビジネスの主体が泥炭湿地林の保全や再生の動機付けを持つにかかわらず，実際の行動を起こしにくい理由は，自ら管理が可能な所有地外での活動を求められることにあるといえる．このため，税制の仕組みや，コミュニティ間の協働などの仕組みを整備することで，課題の解決に向かう可能性がある[1]．

このビジネスは，ビルを建設するための初期投資が高く，かつ，アナツバメが繁殖しない可能性もあり，リスクが伴う．また，一度繁殖し始めたアナツバメがビルを放棄する可能性もゼロではない．このため，ビジネスの主体は，アナツバメの生息環境を保全することに極めて強い動機付けを有する．巣の生産量と餌の採取量（生態系のキャパシティ）との関係性は不明なため，今後ビルの数が増えることで，生産性が下がったり，他のアナツバメ類や飛翔性昆虫類との関係性にも影響が及ぶ可能性がある．また，巣の消費先や需要はほぼすべて国外にあるため，これらの動向に収益が大きく左右されてしまう．多くの不確実性や課題がある中で，アナツバメや泥炭湿地との良好な関係性を持続することが求められる．

〔太田貴大〕

引用文献

1) Ota, T. *et al.* (2020)：Sustainable financing for payment for ecosystem services (PES) to conserve peat swamp forest through enterprises based on swiftlets' nests：an awareness survey in Central Kalimantan, Indonesia. *Small-Scale Forestry*, **19**(4), 521–539.

第3章 湿地・水と地域文化／現代文化

3.1 湿地・水をめぐる伝統文化と現代文化

3.1.1 湿地・水の文化と湿地の地域社会

a. 湿地の文化・水の文化

湿地の文化についての総合的研究はまだ日が浅い．2002年のラムサール条約第8回締約国会議（ラムサールCOP8，スペイン，バレンシア）で，culture文化を登録基準とする否かについての議論が，初めて行われた．それを受けて，条約事務局のワーキンググループ「文化と湿地」が，2008年に“Culture and Wetland”[1]（邦訳『文化と湿地』日本国際湿地保全連合（WIJ），2010）を刊行した．

2008年のCOP10（韓国，昌原（チャンウォン））で，辻井達一らがシンポジウム「文化と湿地～アジアからの発信～」を開き，それをふまえつつ，条約事務局ワーキンググループ主催のシンポジウムで，笹川孝一が日本での今後の研究見通しを報告した．これを機にWIJは調査報告書『湿地と文化』（白表紙版）と，それらをふまえたフルカラー版の『湿地の文化と技術33選―人々の暮らしとのかかわりで』[2]，及び『湿地の文化と技術東アジア編―引き継がれた伝統』[3]を日本語・英語・中国語で刊行した．これらは「ラムサール条約登録湿地関係市町村会議学習・交流会」（2010～），日本湿地学会大会（2007～）や「湿地の文化，地域・自治体づくり，CEPA・教育部会」（2018～），同学会監修『図説 日本の湿地』[4]などと関連しながら展開され，1つの潮流を形成してきた．

WIJ「湿地の文化」シリーズは，その『33選』及び『東アジア編』で，「一定の地域において一定の人々の間で共有して，継承・発展させられている，湿地に関わる生活様式を『湿地の文化』といい，それは『保全・再生の文化』『ワイズユースの文化』『CEPAの文化』から成る」と定義した．この定義は，①「湿地の文化」が人々の日常生活の中にあり身近なものであることを明確にする，②保全・再生，ワイズユース，CEPA（2015年以後はCommunication, Capacity Building, Education, Participation and Awareness）の三者は優劣関係にあるのではなく相互補完関係にあることを明らかにして，三者の共同による総合的取り組みを促すことが必要，という認識に基づくものであった．

湿地の文化研究には，定義や分類法，個別事例の収集や分析，一地域での総合的な存在状況の把握など，様々な方法がある．ここでは，従来あまり叙述されてこなかった一地域での総合的存在状況について，尾瀬の入り口でもある福島県檜枝岐（ひのえまた）村の場合について述べることとする．

b.　地方自治体での湿地の文化の実際─尾瀬の玄関口，福島県檜枝岐村

①水を中心とする集落形成

森林に囲まれた檜枝岐村では，古くから水を中心に集落が形成されてきた．現在の檜枝岐村では，村内2ヵ所の湧水を水源に上水道が整備され，水源は大切に守られている．「安宮（あんきゅう）清水」という湧水もあり，信仰の対象となっている．村には下水道も整備され，汚泥は10種類分別による生ゴミとともに，村の清掃工場で肥料化され，そば畑に撒かれている．浄化された水は只見川・阿賀野川の支流に流され，遠く新潟市をも潤している．村の中の堀は生活用水・消防用水として利用されている．村には3つの温泉井戸があり，全戸に温泉が配給され，「燧（ひうち）の湯」「駒の湯」「アルザ尾瀬の郷」の3つの公共温泉施設がある．

②食料・医薬品の供給

檜枝岐の水・湿地は，人々に食料を提供してきた．古くから清流の魚イワナは貴重なたんぱく源で，村内の川や堀，尾瀬の川や尾瀬沼で，網や手づかみ，釣りなどで捕獲されていた．明治になると尾瀬ヶ原の中心地・見晴（みはらし）でイワナ釣りが生業となり，湧水の脇に釣り小屋＝イワナ小屋を建てた．そこで燻製にされたイワナは，南会津の商業地・田島の祇園祭での蕎麦の出汁の材料として，商品として，出荷されていた．現在は村内にイワナ養殖場とイワナ釣り堀があり，イワナの刺身，イワナ塩焼き，イワナの甘酢あんかけなどが蕎麦料理などとともに「山人（やもうど）料理」を構成している．「尾瀬の開祖者」とされる平野長蔵は尾瀬沼でヒメマス養殖事業を行っていたが，それに伴いワカサギ・フナ・ドジョウなども移入されたと見られる．明治後半には日光川俣からハコネサンショウウオを捕る「山椒魚漁」が伝わった．サンショウウオは，標高1500m以上の針葉樹林に棲み，5月中旬～7月に産卵のため沢に下るところを，「ズウ」という筒状漁具で捕獲したが，これらはいずれも資源が枯渇しないように注意して捕られている．天然記念物のオオサンショウウオとは異なり，捕獲が許されている種であり，からあげ，天ぷらとして山人料理を構成するほか，燻製にして漢方薬としても出荷されている．

③優れた自然風景地，国民の保健，休養，教化の機会と生物の多様性の保全機会を提供

水はまた「天与ノ大風景」「国民ノ保護休養」（国立公園法提案趣旨）「優れた自然の風景地」「国民の保健，休養及び教化」の機会や「生物多様性」（自然公園法）を提供し，尾瀬は国立公園，ラムサール条約登録湿地となっている．尾瀬ヶ原と燧ヶ岳，尾瀬沼と燧ヶ岳，大江湿原などのミズバショウ，ニッコウキスゲ，ワタスゲなどの風景が人々から喜ばれ，かつて見られた沼山峠からの尾瀬沼の展望回復（「修景」）も準備されている．「天与の大風景」を求めて，多くの人々が尾瀬を訪れるようになると，イワナ小屋が山小屋へと転換し，村の中に旅館・民宿も増えた．尾瀬沼には，かつて水遊びのための手漕ぎボートと，交通手段として長蔵小屋の和船があったが，手漕ぎボート復活やカヌー導入など水面のワイズユースも検討されている．このワイズユースあるいはサステイナブルユースをめぐっては，「自然保護」という考え方との深刻な軋轢もあり，世界の国立公園第１号とされるイエローストーン公園における釣りやカヌー等の復活など，世界の動きも参考にしながら，学問レベルでの率直なディスカッションも求められている．1934 年に尾瀬が日光国立公園に編入される際の約束事であった福島県民と群馬県民の交流を担保するための会津・沼田間の生活道路建設が，1971 年に「自然保護」の名において住民の意向が無視されて一方的に反故にされた．「ワイズユース」概念の真剣な検討が望まれている．

村の行政区には，会津駒ヶ岳の湿原もある．尾瀬と並んで，村民のみならず，外部からのトレッキング客も多い．木道も整備され，ガイドも養成されている．

④電力と木工産業

水は電力をもたらした．大正期に村人がお金を集めて水力発電所をつくり，村には電灯がついた．その後，只見川水系に水力発電所がつくられ東京方面に電力を供給するとともに，村に貴重な収入をもたらしている．かつての村の基幹産業の１つは冬場の杓子・ヘラ・曲輪づくりであり，その材料を保存する貯木池がたくさんあった．プラスティック製品の普及で衰退したが，近年曲輪後継者が増えつつある.

⑤人々の往来と伝説, 山の神信仰, 奉納歌舞伎

村には水・湿原に関わる伝説が多い. 尾瀬沼のほとりには会津若松から沼田に至る会津・沼田街道が通っていたので, 物々交換所があった. そして, 沼のほとりで魚を捕って暮らす若者と都から父を訪ねてきた万里姫が出会って夫婦になった話や, 都から落ちのびてきた尾瀬大納言が大江湿原で屋敷をつくって暮らし, その墓が「三本唐松塚」だという説話もある. また,「相撲取り田代」と呼ばれる湿原は鬼と相撲取りが力比べをしたところという伝説もある. 現在, 尾瀬大納言や万里姫は銅像となっており, 相撲取り田代は紙芝居になっている. 狩猟など山での安全を祈るために,「山の神」をまつる神社が複数あり, 愛宕神社への奉納の「檜枝岐歌舞伎」が行われている.

⑥湿地・水の文化に関わるミュージアム, 公園など

水・湿地関連のミュージアムとしては, 尾瀬の入り口の御池に尾瀬博物館といえる「尾瀬ぶなの森ミュージアム」があり, 尾瀬のジオラマや昔の尾瀬の様子, 沼山峠から見た尾瀬沼を背景とする「夏の思い出」の作詞者江間章子の写真もある. 身体的・健康上の理由から尾瀬に入れない人たちのために, 燧ヶ岳を望める総合ミュージアムとしての「ミニ尾瀬公園」がある. 尾瀬の植生を再現した自然植物園・水族館, 山岳写真家の巨匠「白簱史朗尾瀬写真美術館」, 名曲「夏の思い出」が流れてくる歌碑がある. 郷土資料館では, 水や雪とともに生きてきた村人たちの暮らしや民具が展示されている. また, 村の「山案内所」や尾瀬沼の「ビジターセンター」には,「檜枝岐村から見た尾瀬」についての展示がある.

⑦フェスティバル, 子どもたちへの文化継承

村にはスキー場があるが, 冬場の雪を夏まで保存して行われる「真夏の雪まつり」は村人たちの楽しみで, 水・湿地に関わるフェスティバルといえる. 村の子どもたちは, かつてはイワナ捕りや貯木池の材木に乗ったり,「蛍とり」をしたりして, 伸び伸びと育っていた. 現在あるイワナの釣り堀に加えて, 地元や訪れる人のために, 村内中央部を流れる檜枝岐川に, イワナつかみなどができるよう, 親水河川を整備している. また, 学校では尾瀬遠足, 燧ヶ岳登山や水とともに生きてきた村の歴史, ラムサール条約などについての教育が行われてきているが, 学校教員の交代が頻繁であるためにとくに文化的継承が難しい.

そこで，副読本や郷土かるたなどの教材作成も求められている．

⑧地域づくりに向けた総合的取り組み

こうした水と湿地の文化の取り組みは，村役場，村議会，観光協会などが中心になって行われてきたが，対外的には村長も理事を務める尾瀬保護財団，「檜枝岐から見た尾瀬」展示を行った尾瀬沼ビジターセンター，村に常駐する環境省自然保護官事務所などとの協力によって行われてきた．また，日本湿地学会の団体会員である，ラムサール条約登録湿地関係市町村会議のメンバーで2012年の学習交流会では，大江湿原のシカの食害対策について檜枝岐から報告をした．2021年には，コロナ禍の下ではあったがZoom併用で湿地学会の第13回大会が村を1つの拠点として開かれ，尾瀬と村についてのシンポジウムも開かれた．そしてこれらを踏まえて，政策能力の向上に向けた，東京の大学における，村の職員の研修会が検討されている．

c.　湿地・水の文化と地域づくり

檜枝岐村の場合に見られるように，水と水辺・湿地の文化は，生活用水，食料・料理，生業・産業，交通，遊び・子育て・教育，伝説・音楽・芸能・文芸，信仰，保全・活用活動，学問，組織連携活動など，地域の人々の生活全体をカバーしている．

2015年のラムサールCOP12で採択されたWetland City Accreditation（ラムサール条約の湿地自治体認証）が新潟市，出水市など，日本も含めた世界で取り組まれ始めている．これは，水・湿地を軸とする地域づくり・地球づくりのプログラムであるが，その基礎として自治体における水・湿地と人々の暮らしとの関係を大事にすることを求めている．その実践的基礎として，自治体や流水域に沿った自治体連携による，水・湿地の文化研究の今後の発展が求められているといえる．

〔平野信之・佐々木美貴・笹川孝一〕

引用文献

1）Wetlands International Japan（2008）：Culture and Wetland.
2）辻井達一・笹川孝一編著（2012）：湿地の文化と技術33選—地域・人々とのかかわり，日本国際湿地保全連合.
3）笹川孝一ほか編（2015）：湿地の文化と技術—東アジア編，日本国際湿地保全連合.
4）日本湿地学会監修（2017）：図説日本の湿地—人と自然と多様な水辺，朝倉書店.

3.1.2 食 文 化

a. 湿地は食材の宝庫

湿地は，干潮時水深6m以下の海域，陸域の自然湿地と人工湿地の3つに大別されるが，いずれも食材の宝庫である．海域ではムツゴロウやハゼなどの魚類，アサリやハマグリなどの貝類，海苔や昆布などの海藻などがある．河川や湖沼ではイワナ，ヤマメ，アユ，フナなどの魚類や青のりなどがある．田んぼやため池などでは，米，タニシ，レンコン，最近では養殖のサケなどが供給されている．

人間が自然に働きかけて利便性の高い状態をつくり出す行為，技術や技能，結果としてつくられる作品，それらを使った生活様式を「文化（culture）」という．このうち，人間の食生活に関わるものを食文化といい，湿地に関わる食文化を「湿地の食文化」という．そこには，食材調達，調理，食べ方や，地域特有の料理である郷土料理なども含まれる．

b. 湿地の食文化

海域，汽水域の食材を使った食文化は多い．九州・有明海の場合，干潟の産物を使ったものがある．ワラスボは干物や味噌汁，ムツゴロウはかば焼きや甘露煮などとして食べられている．海苔は人工湿地の産物である米とのマリアージュである「海苔巻き」「おにぎり」の名脇役であり，マグロ，昆布，鮭などの海や川の産物や，梅や干瓢（かんぴょう），鳥肉や牛肉など陸の産物とも多様に組み合わされている．

宮城県・志津川湾戸倉地区では，東日本大震災を機に養殖棚の間隔を広く空け，1年で出荷できるカキ養殖によって，ASC認証取得，ブランド化にも成功した．そのカキは，地元のワインや人工湿地の産物である日本酒とともに提供される．

陸上の湿地の産物としては，日本酒と合う琵琶湖の鮒ずしや新潟県村上市では「塩引き鮭」や「鮭の酒びたし」などが楽しまれている．

湿地保全や特定外来生物に関わる食文化としては，湿性植物の食害が深刻なニホンジカの一部は専門レストランで提供されるほか，「鹿肉ハンバーガー」として商品化もされている．北海道のウチダザリガニやエゾシカを用いて，「レイクロブスター」ポタージュのレトルト，エゾシカカレーの缶詰が阿寒町などでつくられている．鶴岡市の自然学習交流館「ほとりあ」では，隣接する都沢湿地の環境保全のために捕獲したアメリカザリガニを地元の料理店に食材提供してきており，2020年粉末の「ざりっ粉」をつくり，ラーメン店と協力して「ざりっ粉」をスープに使ったラーメンの販売を始めている．

陸域の人工湿地である水田に関わる湿地の食文化には，米がある．米の加工品としての日本酒，餅，団子，煎餅などは広くつくられている．宮城県の世界農業遺産「大崎耕土」地域には，厳しい農作業の節目の楽しみとしての「餅料理」があり，ずんだやクルミ，小豆，きなこなどがまぶされて人々に愛されている．

c.　湿地の保全とワイズユース，CEPAの接点としての湿地の食文化

人類は湿地の産物を食べて命をつないできた．そのため，貴重な食材を提供してくれる湿地や生態系の保全は欠かせなかった．ここに，保全しながら活用するワイズユースの知恵と技，知識が蓄積され共有されてきた．しかし食料調達が十分になってからも，湖沼や干潟の農地化など不必要な政策も進められた．そこで，湿地の再生が必要となり，特定外来生物の「駆除」も問題となってきた．

その解決方法として，湿地の食文化を質的量的に広げることが大事である．例えば，潟やため池のレンコンやヒシを捕ることで，水中の有機物を減らし，ヘドロ化を抑えることができる．適切に間隔を空けた養殖棚でのカキ養殖とカキの食文化の普及により，湾内の環境改善が実現している．

しかしながら，湿地の食文化が十分には普及していないために，ニホンジカやエゾシカ，ウチダザリガニやアメリカザリガニ，ウシガエル，オオクチバスなどが結果的にはあまり減っていない．食べればおいしい食材を「駆除」して焼却することは生命を軽んじることでもあり個体調整という目的も実現されていない．

この現実を解決するには，これらの動植物の食材化に道筋をつけることが大事である．そのためには，レシピの開発・普及・商品化と販路開拓，「湿地の食文化」研究の活発化と成果の出版，映像化，などが必要となる．〔**佐々木美貴**〕

3.1.3　アニメーション映画作品における湿地の表現

アニメーション映画は，今や社会的影響力を持つメディアとなった．その内容をめぐって自然や文化が論じられ，舞台・モデルとなった場所を訪ね歩くコンテンツ・ツーリズム（聖地巡礼）も盛んであるから，湿地の保全活用とも無縁ではない．ここでは，主に日本で作成された主要なアニメーション映画において，どのような湿地が登場するのかを紹介し，その意味について若干の考察を加える．

a. 湿地の描かれたアニメーション映画

美しい景観を持つ湿原は，多数の作品に登場する．『ハウルの動く城』（宮崎駿 2004：以下初出で監督名と公開年を示す）には，ヨーロッパ山岳域の湿原をモデルにしたと思しき「ひみつの庭」が登場する．『おおかみこどもの雨と雪』（細田守 2012）には立山連峰の弥陀ヶ原がモデルとされる高層湿原が，『君の名は。』（新海誠 2016）では，隕石による古いクレーター地形の中に成立した湿原が描かれ，飛騨から中信エリアの湿原がモデルともいわれる．

『となりのトトロ』（宮崎駿 1988），『おもひでぽろぽろ』（高畑勲 1991），『平成狸合戦ぽんぽこ』（高畑勲 1994）といった作品では，水田やため池のような里地の湿地が描画され，田植えのような湿地の利用シーンもある．『竜とそばかすの姫』（細田守 2021）では，舞台となった高知の沈下橋に注目が集まった．川は旅立ちを連想させる．『借りぐらしのアリエッティ』（米林宏昌 2010）では，主人公の小人が新居を求めて川を流れ下るシーンで終わる．

海辺の湿地やその生物も多く描かれる．『この世界の片隅に』（片渕須直 2016）では広島の干潟，『思い出のマーニー』（米林宏昌 2014）では道東の塩生湿地が舞台となった．『レッドタートル』（マイケル・デュドク・ドゥ・ヴィット 2016）は無人島の海辺が主要な舞台であり，そこを利用するウミガメ・カニ・海獣・海鳥などが物語の主役・脇役として登場する．

作品の中には，『崖の上のポニョ』（宮崎駿 2008），『天気の子』（新海誠 2019）など，「世界の湿地化」とでもいえるような非現実の現象を描画したものもある．

b. 湿地はなぜアニメーション映画に登場するのか

アニメーション映画中に湿地が表現される理由は3点ほど指摘できる．

第一に，作品の舞台として，湿潤気候帯にあり海に囲まれた日本の風土を描写する場合，その要素として湿地が不可欠である．湿地が物語の鍵とならずとも，水辺を登場させることで親近感や郷愁を引き起こさせることができる．

第二に，湿地は，その陸域と水域の接点，つまりエコトーンとしての特質から，異なる世界をつなぐ舞台装置になる．アニメーション映画では人物が現実と異世界とを往来することがあるが，その通路や接点として湿地が描画される．『思い出のマーニー』では，湿地を船で渡った先に現実には会えない人物がおり，『君の名は。』でも，湿原のある山でパラレルワールドに存在する二人の人生が交錯する．

さらに，『もののけ姫』（宮崎駿 1997）では，人知を超越した「シシ神」が，原生林にある泉において，傷ついた主要人物を特別な力で治癒させるシーンがある．『千と千尋の神隠し』（宮崎駿 2001）でも，ハクという川の化身（人や竜の形をしている）が登場し，川で溺れた主人公を救った過去が提示される．このように，多くの作品で湿地は，生死が交錯する，神性を帯びた場として描画される．現実世界でも，湿地は命の危険を伴う場である一方，生命にとって必須の水を生み出す場でもある．このことが，そうした描写の背景にあるのだと考えられる．

なお，上記の内容はあくまで筆者の解釈であり，作品製作者の公式な見解ではないことをお断りしておく．　**〔富田啓介〕**

3.1.4　絵画，写真，映像・映画

a.　視覚文化としての絵画

人間は，自分たちの暮らし・人生についての感覚・考えを，自分の外に作品化し，自分たちの存在・暮らし，感覚・感情と向き合い，自らを捉え直す．この機能を平面上で構成した視覚文化が，絵画，写真，映像・映画などである．

暮らしに必要な水・湿地・湿地の恵を，人は古くから絵にしてきた．エジプト人は建築物の壁や水生植物パピルスからつくった「パピルス紙」に，人とパピルスを，出雲人は銅鐸に水に住む亀を描いた．

平安末期の作品・鳥獣戯画は，相撲を取る蛙を主役として描く．中国・宋時代の山水図は室町時代の雪舟に影響を与えた．この時代以後次第に盛んになる絵巻物，例えば，伊勢物語絵巻や源氏物語絵巻では，隅田川の都鳥や宇治川を舟で渡る浮舟と匂宮が描かれている．

「清明上河図」は北宋の都・開封（かいほう）（汴京（べん））の川と橋の賑わいを描いたが，桃山時代の洛中洛外図屏風は祇園祭に賑わう鴨川近くの様子が見える．この庶民と水辺のテーマは，葛飾北斎を中心に江戸期の浮世絵に引き継がれた．北斎の富

嶽三十六景では，農民（隠田の水車，下目黒，駿州大野新田），漁民（神奈川沖浪裏，登戸浦，甲州石班沢），船頭（深川万年橋下，御厩川岸より両国橋夕陽見），材木職人（本所立川，遠江山中），樽職人（尾州不二見原）などが描かれている．また，「諸国瀧廻り」シリーズなどのほか，「高橋の富士」，春画の傑作「蛸と海女」をも描いた．

西洋では，中世からルネサンスにかけて，水辺は背景としてのみ描かれることが多かったが，ボッチチェリは海から生まれた瞬間の「ビーナスの誕生」を描き，水辺が人々の生命にひき寄せられた．19 世紀末には浮世絵の影響を受けた印象派の画家たちが，モネ「睡蓮」シリーズ，スーラ「グランドジャット島の日曜日の午後」，ルノワール「セーヌ川のボート遊び」などで，市民層の水辺の楽しみを描いた．そして，その印象派の影響を受けた黒田清輝は「湖畔」を描いた．

その後，今日に至るまで，川合玉堂「筏」「鵜飼」，東山魁夷「緑響く」，千住博の「瀧」シリーズなども含め，水・湿地は日本絵画の重要テーマである．

b.　写　真

19 世紀前半，器械による画像作成とその複写を可能にする写真が登場した．初めは人物中心だったが，次第に水辺の自然も対象となり始めた．山岳写真家・白籏史朗は尾瀬沼，大江湿原，尾瀬ヶ原，三条の滝などの四季を撮り『尾瀬　山紫水明』などを刊行した．こうした写真の系列には「水に映る絶景 23 選」[1] などもある．写真は水の汚染による人々の被害やたたかいも記録してきた．ユージン・スミスとアイリーン・スミスの写真集『MINAMATA』などである．

c.　映像・映画

短時間に写真を連続的に撮影し再生することで，活動写真・動画が成立した．

NHK は，「飛鳥」「祈りの姿 奈良県吉野山」などの「映像詩」，「新日本風土記」「ニッポンの里山」「ブラタモリ」などのシリーズで，各地の水と人々の暮らしとのつながりを伝えてきた．「新日本風土記　立山 地獄・極楽めぐり」では，立山詣，弥陀ヶ原，称名滝の名の由来，かつての案内人「中語」の子孫たちの山岳ガイドとしての活躍など，霊山・立山の自然と山岳宗教との関係を映している．また，「廃炉への道」など，水蒸気を使ってタービンを回し，事故が水そのものや，水を吸い上げる筍やきのこを汚染してしまった福島原発の事故を描いたドキュメンタリーも多く放映されている．

近年は自治体などが記録映像をつくることも多い．谷津干潟ラムサール登録20周年実行委員会による『谷津の海』は，古老たちの語りを軸に谷津干潟の歴史的変遷と人々との暮らしを映す．那覇市役所による『漫湖』も古老の語りで歴史を再現している．宮城・南三陸町等による志津川湾ナウチャンネル『志津川湾ラムサールPR映像』は，生物の豊かさ，カキ養殖と若い漁師たち，震災復興と町づくりを描いている．

ドラマ映画では，水辺が安らぎの場，心の故郷，人をつなぐ場，人が別れる場，時間の流れの象徴などとして描かれている．チャップリン『殺人狂時代』では，湖上のボート遊びが，安らぎの象徴として登場する．武内英樹『テルマエ・ロマエ』（ヤマザキマリ原作）は温泉・風呂文化を仲立ちとする癒し，人と人の結びつきを描いている．

内田吐夢『森と湖のまつり』（武田泰淳原作）は北海道を舞台とするアイヌと和人の物語だが，伝統舞「鶴の舞」と「ベカンベ（菱）祭り」のある塘路(とうろ)湖が，アイヌの精神的故郷として描かれる．山田洋次「男はつらいよ」シリーズでは，主人公・寅次郎と人々とのつながりの舞台として，故郷・柴又の江戸川と河川敷が登場する．錦織良成『高津川』では，川とともに生きた暮らし方の再評価で人々が結び直される．

藤沢周平原作の『蝉しぐれ』を映像化した作品では，水辺は主人公・文四郎と幼馴染・ふくが出会い，別れ，心と感情が再確認・結び直される場である．NHK版では海辺が永遠の別れの場，劇場版では川は時間の経過の象徴としても描かれている．

豊田四郎『雁』では，「私も人間」に目覚めた妾のお玉が，経済力がなくては不忍池の雁のようには飛び立てないことを自覚させられる．〔笹川孝一〕

引用文献

1）リクルート（2021）：【全国】水に映る絶景23選！鏡のような幻想的な景色はSNS映え抜群！. https://www.jalan.net/news/article/270334/（参照2022年6月15日）

3.1.5 水辺と物語

a. 『出雲神話』と水辺

人々は，ともに生きるコミュニティの意味を共有するために，物語を生み出す．そして，生命の源である水は，物語の名脇役である．

『古事記』では，水田などによって，「豊蘆原瑞穂国」をつくったのは，スサノヲたちである．砂鉄精錬に必要な木炭や輸送用の丸木舟建造のために，スサノヲは身体から杉，檜，楠，槇を出して植林を奨励した．スサノヲの子孫のオオクニヌシは，兄たちの謀略で焼け死んだが，蚶貝比売，蛤貝比売という貝の精霊の治療で蘇った．ここでは，水辺は生命の再生の場である．豊かな地上の国を羨んだアマテラスは，タケミカヅチを遣わしてタケミナカタに国譲りを強制する．敗れたタケミナカタは日本海を北上して糸魚川沿いに内陸に入り，水も黒曜石も採れる諏訪に至り，水霊と水田を祭神とする諏訪大社に祭られた．

b.　歌集と水辺

『万葉集』にも水と実生活とのつながりが見える．「石走る垂水の上のさわらびの萌え出づる春になりにけるかも」，「葛飾の真間の井見れば立ち平し水汲ましけむ手児奈し思ほゆ」などである．また，「和歌の浦潮満ち来れば潟をなみ葦辺をさして鶴鳴き渡る」のように，風景としての水辺を詠んだ歌も多い．風景として水辺を詠みながらも恋心を重ねる歌が小倉百人一首には多く，言葉遊びが特徴的である．「瀬を早み岩にせかるる滝川の割れても末に逢はむとぞ思ふ」などである．

c.　貴族の時代の物語文芸と水辺

『伊勢物語』では，水辺の「かきつばた…五文字を句の上に据ゑて」「唐衣着つつなれにしつましあればはるばる来ぬる旅をしぞ思ふ」と詠んだと語られる．『源氏物語』第51帖は，「橘の小島は色も変はらじをこの浮舟ぞ行くへ知られぬ」と匂宮が浮舟を舟に乗せて宇治川を渡り籠る様子を描く．川は結界である．

『平家物語』は，富士川での合戦を前に，避難する民の松明を敵軍勢と誤解した平氏軍が，沼の水鳥の羽音に驚いて退却したと語る．

d.　人が行き交う場としての水辺の物語

松尾芭蕉は『おくのほそ道』で人と情報と情けが行き交う場として川・水辺を描く．深川で「古池や蛙飛び込む水の音」と詠んで，隅田川を船で千住宿に上って旅を始める．「蛤のふたみに別れゆく秋ぞ」など，人が別れ出会う場として水辺を詠む．

e.　自分を映す鏡としての水辺―『高瀬舟』『落梅集』『一握の砂』

個人が ego＝私を自覚する近代には，自分を映す鏡として水辺が描かれる．

森鷗外『高瀬舟』は，京から大阪までの罪人送りの高瀬舟の上で，喜助の人生の理不尽と生きる意味が語られる．島崎藤村は，『若菜集』で，「歌哀し佐久の草笛　千曲川いざよふ波の…草枕しばし慰む」と，人生を探求する．「東海の小島の磯の白砂に我泣きぬれて蟹とたはむる」と石川啄木も，水辺で私を捉え直す．

f.　水の汚染が引き起こす悲劇―『苦海浄土』

工場排水による水の汚染が引き起こした悲劇・水俣病を描いたルポが石牟礼道子『苦海浄土』である．被害者たちの暮らし，悲しみと怒り，患者側に立つ医師たち，患者と対立する会社幹部や労働組合，積極的には動かない政府などを通して現代の「苦海」・苦界とそれを昇華する祈りとたたかいの「浄土」を描く衝撃的物語である．これは富山のイタイイタイ病，福島原発事故にも通じる．

g.　庶民の暮らしを描く水辺の物語と童話

永井荷風は，『すみだ川』などで，東京の下町で懸命に生きる庶民を描いた．宇江佐真理『深川恋物語』，山本一力『だいこん』などは，隅田川界隈の庶民の暮らしを明るいトーンで描く．斎藤惇夫『河童のユウタの冒険』は，ユウタと狐のアカネと天狗のハヤテが龍川の水源を訪ね，人に住処を追われた動物たちが故郷に戻れるように魔法を使い，ユウタとアカネが結婚する物語である．

〔笹川孝一〕

3.1.6　伝統的暮らしと水辺

a.　人の生命，誕生と死に関わる水辺

近年の暮らしの変化はめまぐるしいが，水と暮らしとの関係で，永く引き継がれている生活文化も多い．その１つに，水辺と誕生や死との関わりがある．

哺乳類であるヒトは，母の体内での受精後，羊水の中で280日間，人生で最も安定した日々を体験し分娩直後から肺呼吸を始め，オギャアと泣いて，この世の人になる．出生後は，産湯，母乳，飲み水，炊事，農耕，漁業，沐浴の湯水，死者を弔う湯灌や死水，墓前の水などに世話になる．インドやネパールなどでは，死者の遺灰を聖なるガンガーに流す習慣がある．

映画『男はつらいよ』の冒頭で「帝釈天で産湯を使い」といわれるが，その水は境内の地下水「御神水（ごじんすい）」である．沖縄本島のラムサール登録湿地漫湖の傍の「チチンガー」という石灰層からの湧き水も，産湯に使われてきたという．

b. 子どもの成長への祈り，死者の魂との交流，病気回復への祈りと水辺

各地の流し雛や，四国・大歩危(おおぼけ)川，栃木市・巴波(うずま)川などの「鯉のぼりの川渡し」は子どもの成長を願う節句の儀式である．死者の霊を送る燈籠流も各地にあるが，さだまさしらのグレープが歌う「精霊(しょうろう)流し」の舞台は長崎の海である．ラムサール登録湿地の新潟市・佐潟の「佐潟まつり」でも，潟の水面に沢山の「燈籠」を浮かべる．

薬になる井戸水が各地に伝わる．日本で最も古い神社とされる桜井市・大神(おおみわ)神社の摂社・狭井(さい)神社には「くすり井」がある．同じ奈良県・河合町には弘法大師の指導による眼病に効くとされる「薬井戸」がある．

4つのプレートがせめぎ合う日本は温泉大国で，温泉で心身を癒す習慣があり，若者たちにも人気である．『出雲国風土記』は，玉造温泉に老若男女が集まって市を成すと記している．北海道・登別の大湯沼(おおゆぬま)，秋田・小安峡の大噴湯(だいふんとう)，草津の湯畑(ゆばたけ)，別府の地獄のように地下や岩の割れ目から温泉が湧いている場所も多い．温泉はラムサール条約「湿地分類法」の「Zg 地熱性湿地」に該当する．各地には，丹頂，鷺，亀などが発見したという開湯伝説もあり，地理学的にも希少なので，ラムサール条約の「自治体認証」に際して特記されて良いだろう．

c. 水源確保や雨乞い儀式

神聖化して水源を守ることが，各地で行われてきた．新潟・津南町の龍が窪，富士宮市の富士山本宮浅間(せんげん)大社の特別天然記念物「湧(わ)き玉池(たまいけ)」の「水屋神社」などである．山形市の上水道の水源の１つ蔵王・ドッコ（独鈷）沼は修験道と関連付けて守られてきた．そこから流れる川は「宝沢(ほうざわ)」とされ，硫黄温泉が流れる「酢川(すかわ)」と区別されてきた．

農業に日照りは大打撃なので，雨乞い行事が行われてきた．『日本書紀』には蘇我蝦夷と皇極天皇の雨乞いの記事がある．今も，島根・吉賀町「水神祭り」，桜井市・大和(おおやまと)神社「紅幣(べにしで)祭り」などで雨乞いが行われている．台湾の桃園地区には今も3000を超える大小のため池があるが，日本には空海や行基が指導して掘ったというため池も無数にある．鶴岡市の大山上池・下池を含め，農業用水としての役割が終わったものも多く，積極的活用方法が求められている．

d. 修験道と水辺との関係への再評価

日本の伝統的暮らしと水辺を総合的に扱ってきたのは，修験道と山伏たちである．藤沢周平『春秋山伏記』には山伏たちが山野で修行を行い，水の管理や水辺の薬草などの活用法に習熟し，全国的連携で村々の人々の暮らしを支えてきた姿が描かれている．修験道は，古くからの自然信仰と仏教とを融合して，7世紀に役小角（役行者）が創始したとされ，山や滝，蔵王権現・神変大菩薩などを信仰する．ラムサール条約湿地に「雪原水田」としての立山の弥陀ヶ原があるが，称名滝，御厨が池，室堂なども含めて，立山一帯は有名な修験の場所であり，人々の参詣の場だった．他に出羽三山，蔵王山，日光，御岳山，三峰山，高尾山，富士山，箱根山，大雄山，弥彦山，戸隠山，白山，吉野山，大峯山，熊野三山，高野山，石鎚山，英彦山などがある．ここに，富士講などの講をつくって，人々は参詣した．これらのほとんどが「優れた自然景観」を持つとして国立公園や国定公園になっている．そして，蔵王・不動の滝，温泉が湧く岩そのものが「ご神体」の湯殿山と御滝，日光・華厳滝，御岳山・綾広の滝，熊野・那智の滝，箱根・芦ノ湖などのように，滝や湖沼があり，心身を清めパワーを養うための修業の場とされてきた．

これらは今日，絶景，パワースポットとして人気だが，人々の祈りに思いを馳せつつ，修験道と水辺との関係は再評価されて良いだろう． 〔笹川孝一〕

3.1.7 演劇，話芸

a. 認識の共有と表現，「作品」の共有による自分の振り返り

人が他の人と認識を共有するためには，表現が必要である．それには，身体表現，味覚的表現，嗅覚的表現，視覚的表現，聴覚的表現，言語表現などがあるが，実際生活ではこれらは複合している．この表現活動において，人はあるときには表現者として携わり，「作品」を他の人々に提供する．またあるときには，他の人の表現を「作品」として楽しみ，そこに自分を投影し，共感し，自分自身を振り返る．この過程を通じて表現や作品も洗練されていく．そして，水辺を舞台・素材とする表現もまた，1つのジャンルを構成してきた．

b. 奉納舞

最も総合的な表現の1つに，四肢や体幹，顔の動きと，音曲や歌，掛け声やせりふなどを複合した，奉納舞，歌舞伎，ミュージカルなどがある．

山や滝などの自然を神・カムイなどとした多神教世界では，神々への奉納舞の伝統がある．日本列島先住民の末裔とされるアイヌは，川で鮭を食べるヒグマの熊祭り・イオマンテや，タンチョウの動きを擬したツルの舞を行っている．

ヤマトでは，太陽神への奉納舞としてのアメノウズメの踊りが『古事記』に記されている．太陽神＝アマテラスという設定については，7〜8世紀における持統天皇（ウノノサララ）・藤原不比等の合作説が有力だが，アマテラスとスサノヲの息子の子孫と海の女神が交わって子を産んだという伝説の地，日南市の海岸洞窟・鵜戸神宮では，琴，鈴，唄を伴う「浦安の舞」が奉納されている．

c.　楽劇としての能楽

田植え踊りの系統も引き継ぎつつ，室町期以後に能楽が成立する．それは，台詞と謡，笛と太鼓，鼓から成る音曲，所作と舞から成る，仮面劇である．

琵琶湖の島が舞台の「竹生島」では，龍神と弁財天が現れて衆生済度を誓う．世阿弥の子である観世元雅作「隅田川」は，さらわれた息子・梅若丸を探して京都から隅田川に来た狂乱の母親の物語である．この地で死んだ梅若の塚が河畔にあり，一周忌念仏法要があると渡し守が告げ，母は一瞬，息子の幻影を見る．母の内面に注目した悲劇作品で，人と情報と情けが行き交う場として川が描かれている．

d.　歌舞伎と水辺

歌舞伎の「妹背山婦女庭訓」では，紀伊国・背山の久我之助と大和国・妹山の雛鳥という2人を，親同士の遺恨と間を流れる吉野川が隔てる．かなわぬ恋に衰弱死した雛鳥の首は，川の流れに乗せて背山へ送られ，親が，衰弱した久我之助を介錯して，2人を娶わせる．川は恋する2人を現世で隔て，あの世で結び合わせる役割をしている．

三遊亭圓朝作の真景累ヶ淵も歌舞伎で上演されてきた．近年では2021年に，新吉を中村鶴松が，豊志賀を中村七之助が演じて，好評を博した．

e.　人形劇「ひょっこりひょうたん島」

NHKテレビが1964〜69年の5年間に渡って放映した「ひょっこりひょうたん島」はミュージカル風人形劇で，今もリメイク版が放映される．原作は劇作家・井上ひさしとNHKの山元護久である．

f.　話芸としての落語と芝居噺，講談

庶民が手軽に楽しめる話芸に落語がある．大阪落語の大御所・桂米朝が復活させた「地獄八景亡者戯」は地獄の様子を面白おかしく構成したもので，たじまゆきひこの人気の絵本『じごくのそうべえ』の原作である．

江戸落語には，水辺を舞台とする噺が多い．酒飲みで働かない夫が，江戸湾・

芝浜で30両入りの財布を拾ったが，賢い妻がそれは夢と偽って夫がまじめに働くようになった時に財布を出すという「芝浜」．遊女に入れあげて勘当された若旦那が船頭になるがうまく舟を操れない「舟徳」．死ぬ気のない花魁に騙されて川に飛び込んだが浅瀬で死ねなかった男の「品川心中」．釣り竿に引っかかった髑髏を供養したら若い女性が夜訪ねてきたという「野ざらし」などである．装置を使った芝居噺を圓朝が始め，先代林家正蔵が真景累ヶ淵などの芸を継いだ．

〔笹川孝一〕

3.1.8　音　　楽

a. “胎内の湿地”としての子宮・羊水におけるリズムやメロディー感覚の形成

音楽の根底には心臓の鼓動のリズムがあり，それは，胎児のとき母の子宮・羊水の中で感じ取ることに始まる．子宮・羊水は，ヒトにとって最も安全な地上の「海」であり，ヒトの胎内の「水辺」である．胎児はまた，母親の内臓が動く音，言葉，鼻歌，CDやYouTube，楽器や，家族，地域の祭りの歌などの音やリズムを感じて育つ.「私がお腹にいるときから母は松田聖子ちゃんが大好きで，歌ったりCDを聴いたり….生まれてからも聖子ちゃんの歌が子守唄代わりで…私もいつの間にか聖子ちゃんファンになった」という1980～90年代生まれの人々も珍しくない．

b. 音楽の基盤としての水辺の音

美を感じるように人工的に構成した音のcultureが音楽ともいわれるが，その源泉の1つは水の音である．ザーザーゴーゴーという渓流の音，滝の音，「ポルポルル　ポンポチャン」という水路の音など，水には表情がある．雨蛙，河鹿蛙，牛蛙など，蛙の鳴き声も多様である．白鳥や雁などの水鳥の声もあり，蓮の花が開くときに「ポン」という音がするともいう．水辺の産物であるアサリやシジミ，金魚などを売る物売りの声，滝行に際して唱える「真言」も，水辺の音である．

c. 労働歌，奉納歌舞，まつり囃子としての水辺の音楽

人々が協力して働く場面で，音楽は求められた．

その1つは奉納歌舞である．アマテラスが岩戸に隠れたとき，「天安河原（あまのやすがわら）」で音に合わせてウズメが踊り神々が喜んだという『古事記』の記述は太陽神への奉納歌舞の痕跡である．水の神・高龗（たかおかみ）神や船玉神をまつる京都・貴船神社で

は，毎年6月に装束・面を整えた雅楽と舞を奉納する．落語・大山詣りでも有名な神奈川県・雨降山(あふりさん)大山寺から明治に分離された大山阿夫利(あふり)神社では，雅楽風音楽が倭舞(やまとまい)，巫女舞，田舞，天麻那舞(あまなまい)などとともに奉納されている．

もう1つは，仕事の音楽である．水田耕作に欠かせないきびしい田植作業に際して，田植え歌と踊りが，心理的軽減，動作統一による作業効率の向上などをもたらした．世界無形文化遺産の広島・壬生(みぶ)の花田植えでは，大太鼓，小太鼓，手打ち鉦，横笛の伴奏と踊りを伴って，神への祈りと植え方心得がともに唄われる．「まずサンバイ（田の神）を参らしょう」「早乙女さんや…浅う植えりゃ一反で二斗の米が多いよ」．田楽歌・踊は，中国雲南省などにも広く見られる．田楽能は，田植えの歌舞から派生したとされ，那智では，山伏・滝衆が関わってきたという．

川での仕事歌には最上川舟歌・木曽節などがあり，盆踊り歌が派生することもある．川合玉堂作詞，古関裕而作曲の御岳杣唄(みたけそまうた)は東京・青梅の盆踊り歌である．「お山御岳に たなびく雲は…七代滝(ななよだき)から 立つ狭霧…多摩の山川…流れて末は…花の都の 化粧の水」．筏を組んで木材を運ぶ杣人(そまびと)への感謝の歌である．

d. 西洋音楽と水辺の音楽，歌謡曲

明治に西洋音楽が積極的に導入され，新たな楽曲が作られた．藤島羽衣作詞，滝廉太郎作曲の「花」は，「春のうららの隅田川　上り下りの舟人が」と「墨堤の桜」を歌う．今も中学校音楽教科書に収録され，世代を超えて歌い継がれている．野崎小唄，夏の思い出，精霊流し，神田川，Sunset Beach，川の流れのように，水の中の ASIA へ，ローヌ川など，水辺の楽曲は多い．

e. アニメーションやゲームの世界における水辺の音楽の展開

水辺の音楽は，アニメーションにも登場する．宮崎駿の「もののけ姫」には，川からとった砂鉄による玉鋼づくりで，歌いながら，「タタラおんな」によって「ふいご踏み」が「代わり番子」にされる場面があり興味深い．

えーでるわいすが開発した人気ゲーム「天穂(てんすい)のサクナヒメ」には「ヤナト田植唄」が出てくる．「植えよ　根付けよ　根付きの悪さよ　心根弱さよ　泥に脚沈め　腰を折る　苗の細さよ　吾が身細さよ　空腹(すきばら)で願う　黄金原」．伝統田楽歌の発展形である．

〔**笹川孝一**〕

第4章 湿地を活用した健康増進・社会福祉の充実化

4.1 湿地での健康保持・増進，ストレスの緩和

4.1.1 解　　説

SDGs の目標 11 には「住み続けられるまちづくりを」が掲げられ，特に都市部の湿地は，安全かつ強靭（レジリエント）で持続可能な都市づくりにおいて，多様な機能を有する自然環境として極めて重要な役割を果たすと考えられる．湿地保全を通じたグリーンインフラの取り組みは，都市部の防災・減災力を高めるだけでなく，都市住民の良好な住環境をつくるなどの健康を保持・増進する上でも大きく貢献するといえる．個々の具体的なターゲットを見てみると，女性，子ども，高齢者及び障害者を含め，人々に安全で包摂的かつ利用が容易な緑地や公共スペースへの普遍的アクセスを提供することが目指される．誰もがいつでも，どこでも気軽に出かけることのできる緑地や水辺・湿地を整えることによって，あらゆる年齢のすべての人々の健康的な生活や運動習慣が促進され，生活習慣病の改善や疾病・介護の予防につながることも考えられる．そのため，目標 11 をはじめ目標 3「すべての人に健康と福祉を」，目標 14「海の豊かさを守ろう」や目標 15「陸の豊かさも守ろう」を総合的に推進するなど，都市における憩いの場として水域生態系サービスを保全し利活用することが SDGs 全体において重要な意味を持つといえる．

a．水辺・湿地を活用した健康志向の研究動向と事業展開

水辺・湿地がもたらす健康上の効果として，自然とのふれあいは心と体に良い影響を与える可能性が充分にあると考えられ，水辺やその周辺部に住むことへの利点について国内外で関心が高まっている．ヨーロッパでは「BlueHealth」[1) という水辺と健康に関する大規模な研究プロジェクト（2016～20 年）が進められ，評価ツールの開発や調査報告を行ったり，地域コミュニティ，組織団体や政策立案者とのネットワークを構築したりするなど，多くの質の高い情報を公

図 4.1　白樺湖畔沿いを歩きながら健康指導（提供：池の平ホテル）

開している．日本では，企業や研究者の共同実践例として，食品メーカーのミツカンが「水の文化センター」を設置し，研究活動や情報交流を推進している．水辺で過ごす穏やかな時間がもたらす価値を発信し，水の恵みへの気づきを提供することで，企業や研究機関の社会的責任を果たしてきたといえる．

健康志向の新たな事業展開には，大学と自治体，企業や医療機関との包括的な連携のもと，運動・環境・景観などの様々な分野において研究や実践の蓄積が望まれる．地域貢献を基本理念に掲げる松本大学では，白樺湖畔にある池の平ホテルと連携協定を結び，「健康いきいき診断プログラム」を共同開発し，宿泊客や特定検診に対応する企業などに提供している[2)]．ホテルに従事する健康運動指導士（厚生労働大臣認可）が，呼気ガス分析装置を用いて個人の体力レベルを測定し，科学的な根拠に基づいた安全で効果的な運動強度や，筋トレ方法などをマンツーマンで行う健康指導が特徴的である．そして，正確なパーソナルデータをもとに最適な運動メニューを作成してすぐに，健康に良い効果的な歩き方を実践できる場として白樺湖畔に出かけられるのも大きな魅力である(図 4.1)．ウォーキングによる血圧の降圧効果などが期待されるだけでなく，何よりも水辺・湿地が織りなす景色の中で運動することは心身のリフレッシュにもつながり，身体とこころの健康を保つことで得られる相乗効果の影響は少なくない．

b.　ヘルスツーリズムとまちづくり

健康と観光を組み合わせた新しい視点から観光商品を客観的に評価する，第三者認証サービス「ヘルスツーリズム認証」がある．プログラム内容や提供する事業者の取り組み体制を，「安心・安全への配慮」，「楽しみ・喜びといった情緒的価値の提供」や「健康への気づきの促進」の３つの柱から評価・認証し，観光客が商品の品質を一目でわかるよう「見える化」するものである[3]．

認証取得プログラムの中には，湿地を活用した取り組みがいくつか見られる．例えば，秋田県三種町（みたねちょう）の「じゅんさい摘み採り体験」では，専用の箱舟に乗って，森に囲まれたじゅんさい沼で摘み採りを行う．じゅんさい沼の冷たい水を感じながら，心身ともにくつろぐことで自律神経の乱れや新陳代謝の改善を試みる．また，摘み取ったじゅんさいの試食を行い，農家やガイドによる食べ方のレクチャーを受け，普段の食生活を見直すきっかけにもなるという．他にも，福島県北塩原村にある磐梯朝日国立公園内のウォーキングガイドがある．磐梯山の麓には，五色沼湖沼群や桧原湖などの大小300を超える湖沼群があり，実際のプログラムで歩くレンゲ沼・中瀬沼探勝路は起伏が少なく，リラックスした状態で自分の心と体に向き合うことを大切にしているといえる．

また，少子高齢化する現代社会においては，多くの自治体が「健康保持・増進」を標榜したまちづくりを目指し，社会全体で市民の健康的な生活を支えるための様々な事業を展開している．例えば，岐阜県岐阜市はSDGs未来都市として，SDGsの三側面である環境・社会・経済のいずれの課題解決にもつながる取り組みとして，市民や来訪者の健康増進を図るため，山水と都市の資源を活かしたヘルスツーリズムを進めている（図4.2）．その取り組みの１つがクアオルト® 健康ウオーキングである．チェックポイントで脈拍などを測定し，心

図 4.2　リラックス効果が期待できる水辺のウォーキング（提供：岐阜市）

拍数が「60秒あたり160－年齢」になるよう調整しながら豊かな自然の中を歩くことで，運動効果を高める方法を取り入れる．ウォーキングのフィールドとなる百々ヶ峰や金華山，市中心部を東西に流れる長良川は，人々の暮らしを支えてきた，市民にとって親しみのある場所であり，豊かな山水の自然を感じながら歩くことで心と体が喜ぶリラックス効果も期待できるという．そして，官民が連携して，温泉や歴史的なまちなみの散策などの様々な要素を組み合わせた旅行商品を企画するなど，あらゆる参加者の興味関心に合わせたプログラムづくりを通して地域の活性化にもつなげている．

c.　水に依存して生きる人間

進化の過程のほとんどを自然環境下で過ごしてきた私たち人間の体は，環境の変化に対して順応する能力をもち，それは当然のことながら，きれいな水や心地の良い環境を求める人間の性質としてあらわれる．SDGsの目標6「安全な水とトイレを世界中に」では，安心して綺麗な水を飲めること，衛生的なトイレを利用できること，清潔な環境に暮らせることなどが目指されるように，水資源や衛生環境は私たちの生活に良くも悪くも様々な影響をもたらしてきた．皮肉なことに，私たち人間の生活に潤いを与えてくれるのも，私たち人間の健康を蝕むのも「水」であり，水資源や衛生環境をめぐる事柄は私たちの健康や生命に関わる重大な問題であることは間違いない．

世界的な細菌学者のルネ・デュボスは，各個人が自分のためにつくった目標に到達するために，最も適した状態にあることが「人間がいちばん望む種類の健康」であるという[4)]．つまり，健康とは長寿であるとか，必ずしも身体的活力にあふれた状態を指すのではなく，「○○がしたい」と自己実現へのプロセスに挑戦することが個々人の健康観を左右する．都市化する社会においては，自然を求めて郊外に出かけるだけでなく，自分にとって意味のある自然を守るためにできることを自ら考え行動に移すことによって，健康や幸福を追求することも重要であろう．湿原，海辺・干潟の管理ボランティアや水辺空間を活かした観光・旅行が私たちの健康に良い影響をもたらすと考えるならば，これからの湿地の保全・再生や利活用も新たな姿かたちを見せることとなる．

〔**田開寛太郎**〕

引用文献

1）BlueHealth：BlueHealth：Linking environment, climate & health.
https://bluehealth2020.eu/accessibility/（参照 2022 年 4 月 13 日）
2）白樺リゾート池の平ホテル＆リゾーツ：白樺リゾート健康いきいき診断プログラム.
https://kenkou.ikenotaira-resort.co.jp/（参照 2022 年 4 月 13 日）
3）ヘルスツーリズム認証委員会：ヘルスツーリズム認証委員会.
https://htq.npo-healthtourism.or.jp/（参照 2022 年 4 月 13 日）
4）デュボス，ルネ著，田多井吉之介訳（1964）：健康という幻想―医学の生物学的変化，紀伊國屋書店.

4.1.2　事例 1：湿地セラピー福島潟

a.　福島潟

福島潟は，新潟市北区と新発田市にまたがる 262 ha の潟湖に分類される湿地である．福島潟へは五頭連峰を主な水源とする 13 本の河川が流入，水面標高マイナス 0.7 m，平均水深 0.5 m という越後平野の低湿地環境を象徴する存在である．浅い水域にヨシ帯が島状に広がり，日本の原風景「豊葦原の国」を思わせる越後平野最大の「潟」である．

福島潟は，これまで 220 種以上の野鳥が確認され国の天然記念物オオヒシクイの日本有数の越冬地として知られている．ヨシ群やヒシ群が優占し，アサザやガガブタ，オニバスなどの絶滅危惧種が生育する．江戸時代（1680 年頃）では，面積約 5800 ha ほどもあったと伝えられ，度重なる水害を経ながらも開墾，干拓が行われてきた．ヨシの採取利用や漁業など湿地の恵み，人の暮らしの歴史が今の景観につながっている．

b.　湿地セラピーとしての体験プログラム

日々の生活や人の心にはストレスが多くのしかかっている．個の思いや力での解決はなかなか難しい．しかしそんな中でも美しい風景や水や緑あふれる自然が心の健康に寄与することができる．訪れる人に福島潟の癒しを提供し，体験プログラムにセラピーの要素を融合させた「湿地セラピー」と謳うプログラムを提供していきたい．

1997 年，福島潟の一角に水の公園福島潟として自然生態園や水の駅「ビュー福島潟」が開園開館し福島潟の普及啓発や調査研究，地域連携の拠点を担っている．2014 年から水の駅「ビュー福島潟」や公園の管理運営は指定管理制度での運営となり現在，福島潟の生物多様性の保全と持続可能な利用が進められて

図 4.3 潟の音風景—福島潟夕方コンサート（提供：筆者）

いる．年間約8万人の来館者と福島潟の情報を発信しながら大小100のプログラムを企画実施している．このうち音楽会を癒しのプログラムとして開催，バードウォッチングなども癒しを意識して実施している．

音楽会として，水の駅「ビュー福島潟」の基本的なコンセプト「自然文化」推進の1つに「潟でのやすらぎや癒しを財産とした音楽・映像イベントの実施」を設定している．音楽家の日比野則彦氏（日比野音療研究所）と連携，6階展望ホールでプロミュージシャンによる小さな音楽会「潟の音風景—福島潟夕方コンサート」を開催している．当日会場挨拶として次のようなお話をしている．

「福島潟の今—命のつながり」（2018年7月の夕方コンサートにて）

①福島潟の水循環システム・川，田んぼ，潟，人，自然環境

②命生まれる水辺～水，草，微生物，昆虫や魚，カエルそして野鳥

③鳥～ヨシ原ではオオヨシキリの雛，生長し東南アジアへ，冬はガンカモ類飛来

④命のつながり，恵みをいただく，感謝の水辺空間

「潟の癒しと心のやすらぎを届けたい」との想いを軸に映像も交えた音楽会を継続している．

バードウォッチングは毎月1回実施している．「野鳥を通じて，福島潟の自然を感じ，野鳥の魅力を知っていただくこと」を目的とする体験プログラムだが，その季節や空間の中で五感を使い福島潟を楽しんでいただけるよう意識している．また「潟散歩」も名前の通り散歩気分で自然の移り変わりを体験できる観察会として毎月1回実施している．

c. 生物多様性，湿地の恵み

日本各地の湿地には独自の環境や特性があることからそれぞれの湿地セラピーも見られる．新潟では山々から平野，海へ信濃川や阿賀野川などの大河や広大な水田という湿地環境が存在し，雪や水が潤す四季折々の美しい湿地景観を有している．新潟を代表する湿地，福島潟の保全に貢献し生物多様性の恵みを湿地セラピーとして利用していきたい．〔佐藤安男〕

4.1.3　事例 2：サロベツ湿原×豊富温泉—自然体験で楽しく元気に

a. 日本最大の高層湿原・サロベツ湿原

サロベツ湿原は北海道北部の日本海側，豊富町（とよとみちょう）・幌延町（ほろのべちょう）にまたがる面積約 6700 ha の日本を代表する湿原である（図 4.4）．日本最北に位置する宗谷地域は緯度が高く，1 年を通して冷涼な気候のため，通常は山岳地帯に発達する高層湿原が大面積で広がっており，その規模は日本最大を誇っている．春から秋にかけて数百種類の花が次々と湿原に咲き競う景観は素晴らしく，1974 年に利尻礼文サロベツ国立公園に指定された．また，毎年春と秋にはガン・カモ類をはじめ多くの渡り鳥が飛来することから，2005 年にラムサール条約に登録された．サロベツ湿原は高層湿原特有の植物をはじめ，国内他地域では見ることが難しくなった絶滅危惧種が今も数多く生息しており，希少な野生動植物の宝庫である．

b. 北の名湯・豊富温泉

豊富温泉の歴史は 1926 年，石油の試掘中に地下約 960 m 付近から 43℃の温

図 4.4　雄大なサロベツ湿原と利尻山（提供：筆者）

図 4.5　表面に油分が浮く豊富温泉（提供：一般社団法人豊富町観光協会）

泉と高圧の天然ガスが噴出したことから始まる．数軒の温泉宿が建ち並び，国民保養温泉地，温泉療養医が薦める日本の名湯百選に選ばれている「日本最北の温泉郷」である．泉質はナトリウム–塩化物泉で，最大の特徴はお湯の表面に油分が浮いていることであり（図 4.5），このような温泉は国内唯一，世界的に見ても非常に珍しいとされる．近年は慢性皮膚炎の症状が改善されるとして，アトピー性皮膚炎や尋常性乾癬に悩む方が全国から湯治に訪れ，湯治客専用の長期滞在施設や湯治相談ができるコンシェルジュデスクも開設されている．さらに，湯治をきっかけに豊富町内や近隣地域に移住した人は 100 名ほどを数える．

c.　サロベツ湿原と豊富温泉の連携

豊富温泉では，主に湯治で長期滞在中の方に，サロベツの雄大な自然を楽しんでもらう目的で 2009 年より「豊富温泉・元気な湯治プロジェクト」が始まった．本事業は地元の観光協会や商工会，NPO，行政機関，温泉関係者らで構成される豊富温泉活性化協議会により運営され，自然体験ツアーのほか，豊富温泉コンシェルジュデスクの運営も同協議会が行っている．

自然体験ツアーは，地元の NPO 法人が企画・募集・運営を行い，これまでに延べ 1000 名以上が参加されている．当初は湯治客を対象に始めたが，一般の観光客の方からも好評を得ている．自然体験プログラムは，「サロベツ湿原散策」「ホタル観察」「星空観察」「渡り鳥観察」「スノーシュー」など 20 種類以上あり，季節ごとに例年 4 本程度のツアーが実施されている．

その他に，イベントの機会だけでなく一定期間楽しめるような仕組みとして

「ホタル観察マップ」が作成され，その時期になると観光客が自由にヘイケボタルを鑑賞できるようになっている．また冬期間は，豊富温泉周辺の森にスノーシュー特設コースが開設され，温泉地区でのスノーシューレンタルも始まった．散策時にはガイドマップを活用することで誰でも気軽にスノーシュー体験ができる体制が整い，近年は徐々に利用者が増えてきている．

d. ONSEN・ガストロノミーウォーキング

ヨーロッパ発祥とされるガストロノミーツーリズムは，その土地の気候風土や歴史などによって育まれた食文化を楽しむツーリズムを指す．そこに日本の温泉文化「ONSEN」を加えて独自にアレンジし，「めぐる・たべる・つかる」をテーマに，ウォーキングイベントを通してその土地ならではの食や自然，文化を楽しむ新しい旅の楽しみ方がONSEN・ガストロノミーツーリズムである．一般社団法人ONSEN・ガストロノミーツーリズム推進機構が普及を進めており，「ONSEN騎士団」と呼ばれる会員組織に登録している熱心な参加者は，イベントが開かれる度に全国各地を訪れている．

豊富町においては，地元NPO法人の自然ガイドの案内でサロベツ湿原の木道や，豊富温泉周辺のフットパスを散策する1泊2日のイベントが開催された．ウォーキングの途中では，サロベツ産ミズナラ樽のワイン・焼酎・日本酒をはじめ，チーズやエゾシカ肉のスモークにジャーキー，そして地元の牛乳を使ったスイーツなど地産地消にこだわった飲食物が各休憩所で提供された．ゴール後のランチでは，酪農家のお母さんたちがつくる地域食材の料理が振る舞われ，温かいおもてなしと美味しい料理が大変好評だった．

図4.6　沼のほとりで飲食を楽しむ参加者（提供：筆者）

このように，サロベツ湿原の優れた自然と効能豊かな豊富温泉との連携は，この10年ほどで深まりを増してきており，今後さらに盛り上がっていくことが期待されている．〔嶋崎暁啓〕

4.1.4　事例3：麻機遊水地における健康・福祉・教育を重視した湿地利用

静岡市の郊外にある麻機遊水地は，治水のために設けられた施設である．河川（巴川・麻機川）の水路との間に越流堤があり，大雨のときには水路から溢れた水を貯留し，下流域を水害から守る．遊水地全体は静岡県が河川として管理しているが，その一部は静岡市が公園として管理している．麻機遊水地が存在する場所は，歴史的に，沼地・湿田，水田，遊水地と変遷を遂げてきた．これを反映し，現在では全国的に減少が著しい氾濫原の動植物が残存している．植物では，オニバス，ミズアオイ，タコノアシ，コツブヌマハリイなど，日当たりの良い湿地を好む氾濫原の植物が特徴的である．

これらの生物は，かつて沼地や湿田だった時代には，洪水と耕作が引き起こす攪乱により生育場が確保されていたものと考えられる．現在これら氾濫原の生物の生育・生息環境を支えているのは，人為攪乱である．麻機遊水地では，絶滅危惧種の保全を主目的とした市民活動だけでなく，菅笠づくりなどの伝統的な植物利用や自然環境教育といった多様な目的により，植物の刈り取りや土壌の耕起などの活動が行われている．これらの利用に伴う人為攪乱は，洪水による攪乱の代替として，氾濫原の動植物の生育環境の維持に貢献している．

麻機遊水地内に設定された公園用地のうち，第一工区という約22 haのエリア内にある「あさはた緑地」は，2021年度に公園として本格オープンした．芝生と大型遊具がある都市公園的な空間に加え，湿地としての自然環境の特徴を活かした利活用が行われている場所があることが特徴の1つである．オープン当初から，公園の指定管理者「一般社団法人グリーンパークあさはた」，生物多様性保全の活動をしている「麻機ウェットランドクラブ」，そして筆者らが協力し，体験農園として確保されたエリアの一角で，「湿地づくり」の作業が開始された．私たちが「湿地づくり」と呼んでいる作業は，特定の作物を栽培せず，子どもが遊びたくなる空間と多様な動植物の生育・生息空間の確保を重視し，ヒメガマやカンガレイなど大型化・優占しやすい種の密度を抑制し，適度に水面ができるような場をつくるものである．

この作業の結果，ミズアオイなどの氾濫原の植物や多様なトンボ類が生育・生息する湿地が形成された．遊具のある公園部分とは特徴が異なり，虫捕りなど，子どもが自発的に遊び方を工夫して楽しむ場になっている．2022 年度からは，この「湿地づくり」の活動を一般の応募者とともに実施する活動を展開している．参加者がアイディアを出しながら，頭と体をつかって「湿地づくり」を進める活動は，それ自体が参加者の心身の健康に資するレジャーとなりつつある．

麻機遊水地のもう 1 つの特徴に，障がい者による利活用が重視されていることが挙げられる．公園として整備されたエリアは車椅子の通行に配慮されており，散歩やリハビリテーションの空間として利用しやすい（図 4.7）．また遊水地内に造成された水田では，特別支援学校の生徒が市民や企業と協力し，米づくりが行われている．特に遊水地と隣接した場所にある静岡県立静岡北特別支援学校では，「麻活プロジェクト」として，遊水地の自然調査・観察，遊水地の土壌シードバンク調査，遊水地の植物を活用した紙づくりなど，自然環境の特性を活かした実践的・特徴的な活動が実施されている．遊水地の湿地の自然は，障がい者の自立支援や特別支援学校の教育活動において，効果的なコンテンツを提供している．同時に，福祉・教育・健康といった目的での活用は，地域の企業を含め多様な主体の連携のきっかけとなっている．麻機遊水地では，遊水地の自然の保全と利活用を議論する協議会（自然再生推進法に基づく「麻機遊水地保全・活用推進協議会」）の参加者数は，障がい者との連携を開始して以降，4 倍以上に増加した．

図 4.7　あさはた緑地　車椅子で散歩（提供：筆者）

近年，人間の健康と生態系の健全性の確保の同時実現を図る「ワンヘルス・アプローチ」の重要性が指摘されている．遊水地の湿地という利用の自由度が比較的高い空間の存在と，自然の特性を活かし，従来の発想にとらわれない公園管理をうまく組み合わせる取り組みは，効果的な選択肢となるだろう．

〔西廣　淳〕

4.1.5　事例4：宇都宮市鶴田沼緑地―人々に守り育てられる中間湿原

鶴田沼緑地は栃木県宇都宮市の市街化が急速に進む地域にあるが，台地の先端に入り込む谷の中にあり，落葉樹の森とクリ畑に囲まれた沼は，市街地の中にいることを忘れさせる静かな空間となっている（図4.8）．緑地の中心となる鶴田沼は1670年（推定）にため池として造成され[1]，1960年頃までは田畑を潤す用水として管理・利用されていた．鶴田沼と周辺の緑地は2000年に都市計画が決定され，「水辺の自然環境とのふれあい，観察をテーマとする」都市公園として位置付けられた．このとき，鶴田沼緑地では希少な動植物が確認されており，自然環境保全の必要性と利用の増大からの保護の必要性が課題となっていた．そこで，宇都宮市は施設整備を木道などの観察施設にとどめることとし，湿原と樹林の保全を中心的な課題とした[2]．

鶴田沼の自然の特徴はため池の上部の浅い水辺に，貧栄養の水質で成立するモウセンゴケ，ミミカキグサ，イトイヌノヒゲなどからなる中間湿原があることで，1973年には湿原に生息するハッチョウトンボ（図4.9）が宇都宮市の天然記念物として指定された[1]．しかし，1975年以降，周辺の開発による湧水の減少や水質の悪化，ヨシの生育面積の増大により，中間湿原の面積は小さくな

図4.8　鶴田沼の秋（提供：グリーントラスト宇都宮）

図4.9　ハッチョウトンボ（提供：グリーントラスト宇都宮）

り，ハッチョウトンボの個体数も減少した．そこで，90年代半ばより中間湿原の保全を目的とした対策が行われ，モニタリングも継続されているが，ハッチョウトンボの確認個体数が極めて少ないという現状は否めない．一方，湿原におけるヨシ刈や外来種の除去などの管理は多様な湿地植生を生み出し，ノハナショウブや，チダケサシ，ヌマトラノオなどの花々が咲き，上流部のハンノキ林ではミドリシジミが舞う姿が観察されるなど，四季折々の自然を楽しむことができる．

鶴田沼緑地の湿原と樹林の管理は1991年に設立された「公益財団法人グリーントラストうつのみや」と，そのもとで2000年に結成された「鶴田沼の自然を育てる会」が中心となって担っている．宇都宮市は基本方針の検討や環境整備などの基礎調的な調査や工事を行う一方で，湿原や森の管理作業や，体験活動のサポートをこれらの市民団体に委託している．この官民の協働が現在の鶴田沼の自然を維持している．鶴田沼緑地における市民の環境管理活動（樹林・湿原・農地の管理，希少種の個体数調査）は2019年の記録によると年間で約250回，延べ1500人以上が関わっていた．また，観察会，野外学習，自然体験などの普及活動は年間50回を超えて行われ，市民を対象とした企画に加えて，学校や団体の要望に応えた活動も開催された（図4.10）．

このように鶴田沼緑地の湿原と森は会員と市民の力によって守られており，その自然が生み出す四季折々の美しさは，人々の活動の継続を支える力となっている．また，自然を求めて家族や友人と訪れる人，昆虫を探しに来る子どもたち，静かに散策する人など，様々な人々がこの自然に「楽しさ」と「安らぎ」

図4.10　公開イベントに集まる市民（提供：筆者）

を見いだしている．この沼のほとりに立つとき，この自然が人々に守られてきた場所であり，この先も人々にとって大切な場所であり続けることを考えさせられる．

〔井本郁子〕

引用文献

1）（公財）グリーントラストうつのみや（2014）：つるた沼緑地，pp.1-31.
2）宇都宮市（1997）：（仮称）鶴田沼緑地保全整備基本構想策定業務報告書，pp.1-102.

4.1.6　事例5：湿地を活用した自然とのふれあい施設―東京港野鳥公園

a. 東京港野鳥公園の成り立ちと干潟の拡大

東京都大田区の東京港野鳥公園がある一帯はかつて遠浅の海で，1950年代まで漁業・海苔養殖が盛んであったが，1960年代に港・交通網の整備や工場用地などの確保のため埋め立てられた．その後，自然にできた池や草原に野鳥が集まるようになり，地域の人たちが甦った自然を守る運動を始め，管理者である東京都はここに海上公園をつくることを決めた．まず，1978年に大井第七ふ頭公園（敷地面積約3 ha．1983年に公園名称を「東京港野鳥公園」に改称）が完成．さらに1989年に約26 haに拡大し，同時に自然観察の中心施設であるネイチャーセンターを開館した（図4.11）．

東京港野鳥公園には「潮入りの池」と「前浜干潟」に人工干潟が存在し,「潮入りの池」の干潟は「内陸干潟」と呼称されている．「前浜干潟」は1989年の設置時は約2 haであったが, 2018年に東京都が埋め立てで失われた干潟を再生

図4.11　潮入りの池とネイチャーセンター（2018年撮影）（提供：公益財団法人日本野鳥の会）

するための取り組みとして，約 11 ha に拡張整備した（これにより公園全体の面積は約 36 ha となった）.

b. 市民にとっての東京湾岸の自然

東京都は「海上公園を中心とした水と緑のあり方について」の答申[1]の中で，賑わいのある臨海地域を創出するための基本方針である，市民協働を活性化させるための方策として「水や緑に対する一人ひとりの愛着を育み，豊かな自然や賑わいに溢れた臨海地域を後世に引き継いでいけるよう市民協働の取組をさらに活性化させるべきです.」と謳っている．東京港野鳥公園で行われている自然観察会や各種イベントは，このような役割の１つを担っている.

干潟の生きもの観察では，カニ類やトビハゼなどの観察を通して，生きものの多様性やそれらが生きていくために必要な環境，プラスチック問題について一人ひとりが自己の生活について考えてもらうきっかけとなるよう努めている

図 4.12 本道を活用した干潟の生きもの観察（提供：公益財団法人日本野鳥の会）

図 4.13 前浜干潟のイベントの様子（提供：公益財団法人日本野鳥の会）

図 4.14 東京港野鳥公園フェスティバル（提供：公益財団法人日本野鳥の会）

（図 4.12）．前浜干潟で行うイベントでは，市民が実際にカニや魚などの生きものに触れたり，ゴミを拾って分別したりといった体験も行っている（図 4.13）．

c. 人工干潟の健康増進への寄与

園内の利用ゾーンは 30 分ほどで歩けてしまう狭いものであるが，最寄りのモノレール駅からの約 1 km の道程や周辺の海上公園を含めて徒歩や自転車でめぐる市民もおり，干潟や海辺の景色も相まって肉体的にも精神的にも健康増進に寄与するものと考える．

東京港野鳥公園では 5 月に「東京港野鳥公園フェスティバル」（図 4.14），11 月に「里地里山フェスティバル」という，大量動員型イベントを開催している．特に 5 月のイベントでは干潟や野鳥に関するブースが出展され，楽しみながら自然や干潟に触れることで日ごろのストレスを発散し，リラックスできる空間を演出している．干潟の泥や砂の感触・におい，水面のきらめきや頬で感じる風など，五感を刺激する湿地の自然は，人工的に造成された埋め立て地でも存分に感じられる．

〔**川島賢治**〕

参考文献

・東京都港湾審議会（2016）：「海上公園を中心とした水と緑のあり方について」答申，東京都．

4.1.7 事例 6：大都会の真ん中で出会う自然の営み

a. 大学生と来園者がともに感じる憩いの場

不忍池は東京都上野公園内に位置する天然の池である．3 つの部分に分かれており，その中の1つ，鵜の池が恩賜上野動物園内にある．周囲には高層ビルが建ち並ぶ大都会の動物園の中で，春は桜，夏はハスの花，秋は紅葉，冬は野鳥の楽園と四季を通じて楽しめる場である．不忍池の東側にあるのが，子ども動物園「しのばずラボ」で，不忍池の自然を活かした教育活動をしたいとの動物園側の願いから2017年にリニューアルされた施設である．

大学生による環境教育プログラム「子ども動物園しのばずラボわくわく体験プログラム」の開発に取り組んだのは，学習院大学と東京農工大学である．「不忍池の自然にふれる」ことを目標に，上野動物園教育普及課の支援と協力を得て，表4.1に示す実践を行った．SDGsを意識し，生物や自然環境の保全にも視野を広げたプログラムを実践したが，学生にとって来園者とのコミュニケーションが最大の課題であった．

学生たちは自分たちがつくり上げたプログラムをあらゆる年齢層の人々を対象に語りかけ，生きものと自然の不思議さ，偉大さについて，実際に見て対話する活動を通して共感した．来園者と共感できたとき，活動した学生も大きな達成感を得られ，喜びを表していた．来園者は，不忍池周辺の生き物の生活を知ることができ，不忍池の自然に改めて気づかされていた（図4.15）．

b. 水辺で生活する生き物たちから

ヒナにエサを与えるカワウの母鳥，巣材を咥えて目の前を飛ぶオス鳥，飼育員からエサのアジをもらうモモイロペリカンの大きな口，集まるカワウ．飼育員にエサをねだるカワウ．小さなカワウが餌のバケツの中に飛び込む姿は微笑ましい．来園者はカワウも動物園で飼育しているのかと勘違いするが，飼育担

図4.15 ハスの葉シャワーで遊ぶ子どもと大学生（提供：筆者）

表 4.1　しのばずラボ 2018 年～20 年度のテーマ

回　数	月　日	テーマ
1	2018 年　8 月　1 日	ハスの観察・ハススタンプカード作り
2	9 月 24 日	ハスの葉シャワー
3	10 月 15 日	ハスの葉コリントゲーム
4	11 月 26 日	落ち葉のしおり
5	12 月 17 日	ネイチャービンゴ
6	2019 年　1 月 14 日	冬の鳥マスター
7	2 月　4 日	鳥の観察とぬり絵
8	3 月 18 日	動物ビンゴ
9	4 月 24 日	春の生き物たんけん
10	5 月 18 日	ダンゴムシの観察
11	6 月 24 日	カブトムシとクワガタムシ
12	7 月　8 日	トンボを観察しよう
13	8 月　5 日	セミ博士になろう
14	9 月 23 日	ハスの葉シャワー
15	10 月 28 日	動物ビンゴ（メダル）
16	11 月 13 日	しのばずクイズラリー
17	12 月 23 日	まつぼっくりツリー
18	2020 年　1 月 13 日	おしりさがし
19	2 月　3 日	だれの口？何を食べるの？
20	3 月 17 日	くちばしクイズラリー
21	4 月 14 日	チョウとタンポポ
22	5 月 12 日	テントウムシ
23	6 月 16 日	テントウムシ
24	7 月 14 日	トンボとチョウ
25	8 月　4 日	トンボとチョウ
26	9 月　8 日	ハスの葉シャワー
27	10 月 13 日	ハスの葉シャワー
28	11 月 10 日	木の実で遊ぼう
29	12 月　8 日	カワウのうーちゃんものがたり
30	2021 年　1 月 12 日	カワウのうーちゃんものがたり
31	2 月　9 日	カメ博士になろう
32	3 月　8 日	中止

当者の説明を聞いて野生と知り，カワウの知恵を知る．大都会の真ん中で生きものたちは生活し，日々の暮らしを営んでいる．刻々と色を変える太陽の光に反射する水面，水生昆虫が時折目の前を飛ぶ光景はここが都会であることを忘れさせる．日々の生活からひととき，抜け出したような時間．来園者と学生が共有する時間は不忍池の自然を堪能する憩いの時間となっている．来園者はこの時間を楽しみ，学生自身も改めて不忍池の魅力を再認識させられる．生命を生んだ水辺の持つ力はヒトの心まで洗い流し，明日への希望と活力を生み出す場となっている．

〔**河村幸子**〕

第5章 湿地の保全・利用を支える CEPA

5.1 湿地における CEPA

5.1.1 解　　説

a. ラムサール条約締結国会議における CEPA のひろがり

ラムサール条約は，湿地の保全と賢明な利用（ワイズユース）を求め，それを実現する手段として，CEPA を位置付けている．締結国会議で CEPA に関連する議決が初めて採択されたのは，第 6 回締結国会議（1996 年）における決議Ⅵ.19「教育と普及啓発」（Education & Public Awareness, EPA）だった．この決議では，教育と普及啓発プログラムが「持続可能な湿地管理に不可欠な手段であり，湿地に対する否定的な態度を打破する重要な道具である」[1] ことなどを指摘している．

第 7 回締結国会議（1999 年）で採択された決議Ⅶ.9「1999-2002 年ラムサール条約普及啓発プログラム」において，従来の EPA に C（広報活動/Communication）の要素を追加し，CEPA の略語が誕生した．また，このプログラムでは「締約国，条約事務局，この条約の国際団体パートナー，地域住民等に対する課題は，湿地の保全及び湿地資源の賢明な利用に反するような慣行を変えるために，効果的な広報活動を行うことである」[2] などと言及され，新たに追加された「広報活動」の重要性が指摘された．

第 8 回締結国会議（2002 年）では，決議Ⅷ.31「2003-2008 年ラムサール条約 CEPA プログラム」を採択した．決議Ⅷ.31 では「持続可能な開発に関する世界首脳会議の結論で認められた CEPA の重要性と，その重要性ゆえに，湿地の生態学的，社会的，文化的，経済的価値を推進する，持続可能な開発のための CEPA が，ラムサール条約の今後の CEPA 活動の焦点となるべきである」ことが認識された[3]．その後の第 10 回締結国会議（2008 年）では，決議Ⅹ.8「ラムサール条約 2009-2015 年 CEPA プログラム」を採択した．このプログラムにおいて，CEPAの構成要素に「参加（Participation）」が加えられ，CEPAの「PA」の要素が「Public Awareness」から「Participation & Awareness」に変更された．また，このプログラムでは，「人々が湿地の賢明な利用のために行動すること」をビジョン（抱負）に3つの最終目標が掲げられ，特に最終目標の1つである「人々が湿地の賢明な利用のために協力したいと考えるようになり，実際に行動できるようになっていること」に向けて「人々が湿地の賢明な利用に参加し貢献する個人的能力とグループ能力を高め，そのような機会を増やす」ことや「さまざまな利害関係者が湿地管理に確実に参加するような仕組みを作り出し支援する」ことといった「参加」の推進に関する戦略が示された[4]．

第12回締約国会議（2015年）では，決議XII.9「ラムサール条約CEPAプログラム2016-2024」が採択され，そこでCEPAの構成要素として「能力養成（Capacity building）」が追加された．また，このプログラムは，同会議で採択された「ラムサール条約戦略計画2016-2024」と同様に「湿地が保全され，賢明に利用され，再生され，湿地の恩恵がすべての人に認識され，価値づけられること」を長期目標とし，「人々が湿地の保全と賢明な利用のために行動を起こすこと」を包括的目標とした9つのゴールと43のターゲットを設定した[5]．さらに，添付文書ではCEPAを支える定義と原則や各国CEPA担当窓口の役割と責任，対象となり得るステークホルダーについても述べられており，「締約国，条約事務局，国際団体パートナー，NGO，各湿地に関わる地元組織，その他のステークホルダーが湿地の保全と賢明な利用にむけた行動へ，人々を関与させ，動員させ，能力を向上させることを目指して適切な行動を展開するための手引き」[5] としてこのプログラムを活用することが期待されている．

b. CEPAとESD（Education for Sustainable Development，持続可能な開発に向けた教育）

CEPAの現在の構成要素である広報活動，能力養成，教育，参加，普及啓発は，そのすべてが持続可能な湿地づくりに不可欠である．さらに，こうした活動は何らかのかたちで湿地を学ぶことにつながる活動であり，広い意味での教育活動として位置付けられる．また，CEPAの構成要素は，固定的ではなく締結国会議やCEPAプログラムの蓄積によって増加してきたものであり，次項以降の事例が示しているように湿地の各現場で様々なCEPAの実践が展開することによって，その内実が豊かになってきている．そのためCEPAを，広報活動，能力養成，教育，参加，普及啓発という現在の構成要素を個別に考え，単にその5つを並べたものとして狭く捉えるのではなく，持続可能な湿地づくりに向けた教育的アプローチとして広く捉える必要がある．

また，持続可能な湿地づくりは湿地を含む地域そのものの持続可能性とも関わり，その意味で，CEPAはESDの一形態としても捉えられる．ESDはビジョン（未来志向性）を持った対話と参画を重んじる新しい教育のアプローチであり，組織・社会としての学びや状況的学習をも重視するもので，その内容は地域の自然や社会・文化・歴史などの違いによって多様であり，地域の自己決定を重視すべきものであるとされ[6]，SDGs達成に向けて重要な役割を持つ．また，ESDが求められてきた背景には，グローバリゼーションの進展が各地で様々な矛盾を生み出し，地域に持続不可能性をもたらしている状況があり，ESDにはそれを乗り越えていく学びとしての役割も求められる．地域の持続不可能性は，湿地と関連しても経済活動による湿地の破壊や開発など様々な課題として現れており，湿地におけるCEPAにおいてもこうしたグローバリゼーションと向き合うことは避けて通れない問題だと考えられる．

その際，地域における「湿地の文化」を継承する営みに着目することは，グローバリゼーションと向き合うCEPAを考える上で重要な視点を与える．「湿地の文化」は，「湿地と関わって，一定の地域における人々によって受け継がれ発展している生活様式，その技や智恵」[7]と定義され，ローカルな活動からグローバルな活動までを包括する．特にローカルな「湿地の文化」は，湿地の保全やワイズユース，CEPAとも関わり，各湿地やその周辺の地域が持つ地理的・社会的条件によって湿地固有に存在する．また，そうした「湿地の文化」の継承は，湿地の技や知恵を受け継ぎ，それを生成し変容させることで発展させ，受け渡していく過程において，湿地と人との関わりと湿地の技や知恵をめぐる過去・現在・未来の人と人との関わりをつないでいく実践的な営みだと考えられる．特に，湿地があるその地域固有の神事や湿地における農法，漁法などをめぐる知恵や技は，形式知と暗黙知との往還による「口伝的世界」[6]の中で継承されてきた知として位置付けられる可能性を持つ．そうした具体的な人と人，人と湿地の関わりの中にある知のあり方は，グローバリゼーションが進める普遍的知を問い直し，持続可能な湿地づくり・地域づくりを支えていくものになると考えられる．

グローバリゼーションを背景とした湿地と人との関わりと，それを支えていくような人と人との関わりの希薄化は，湿地の劣化につながっている．固有に存在する地域における「湿地の文化」を継承する営みを通して，湿地をめぐる人と自然，人と人をつなぎ直し，想像力を働かせ，そのつながりの中に水と生きる自己を捉えていく学びが，SDGs達成に向けたこれからのCEPAの役割に求められると考えられる．〔石山雄貴〕

引用文献

1）The Ramsar Convention Secretariat（1996）：Resolution VI.19：Education and public awareness（釧路国際ウェットランドセンター（1996）：ラムサール条約第6回締約国会議の記録を参照）.
2）The Ramsar Convention Secretariat（1999）：Resolution VII.9：The Convention's Outreach Programme 1999-2002：Actions to promote communication, education and public awareness to support implementation of the Convention on Wetlands（環境庁自然保護局（2000）：ラムサール条約第7回締約国会議の記録を参照）.
3）The Ramsar Convention Secretariat（2002）：Resolution VIII.31 The Convention's Programme on communication, education and public awareness（CEPA）2003-2008（環境省自然環境局野生生物課（2004）：ラムサール条約第8回締約国会議の記録を参照）.
4）The Ramsar Convention Secretariat（2008）：Resolution X.8 The Convention's Programme on communication, education, participation and awareness（CEPA）2009-2015（環境省自然環境局野生生物課『ラムサール条約第10回締約国会議の記録』を参照）.
5）The Ramsar Convention Secretariat（2015）：Resolution XII.9 The Ramsar Convention's Programme on communication, capacity building, education, participation and awareness（CEPA）2016-2024（「決議XII.9 ラムサール条約CEPAプログラム2016-2024」日本国際湿地保全連合訳）.
6）朝岡幸彦（2016）：ESDと共生社会の教育―〈持続可能性〉と〈多様性〉の教育，亀山純生・木村光伸編，共生社会I―共生社会とは何か，農林統計出版，pp.103-118.
7）辻井達一・笹川孝一（2012）：湿地の文化と技術33選―地域・人々とのかかわり，日本国際湿地保全連合.

5.1.2　事例1：しめっちCEPAプログラム集

湿地の保全と持続的な利用のためには，多くの人々の理解と行動が不可欠であるため，ラムサール条約では湿地の保全と持続的な利用のための対話，能力養成，教育，参加，普及啓発（CEPA）を推進するよう締約国に呼びかけている．国内のラムサール湿地でも，それぞれ工夫を凝らしたCEPA活動が実践されているが，各地の事例は湿地間で十分に共有されておらず，その成果や課題の整理もされていない状況であった．

「しめっち CEPA プログラム集」は，北海道内の湿地で実践されている代表的な CEPA 活動をまとめた事例集である．北海道には 13 サイトのラムサール湿地があり，CEPA 活動の多くは，各地の湿地センター，NGO などの現場関係者によって実践されている．2006 年には，これら現場関係者によって湿地間の情報交換と交流，情報発信などの協働取り組みを推進するため「北海道ラムサールネットワーク（以降 HRN）」が結成され，2017 年度の活動としてプログラム集が作成された（図 5.1）．

プログラム集をつくるにあたって，HRN メンバーでワークショップを行い，各地の CEPA プログラムをリスト化した（図 5.2）．集まった 128 事例は，対象（一般市民，子ども，地域住民，企業など）と CEPA の分野（対話，教育・人材育成，参加，普及啓発）によって分類され，そのバランスなどを考慮してプログラム集に掲載する代表的な 39 事例を選出した．

選出した事例をまとめるにあたって，CEPA プログラムインベントリーシートを作成し，プログラムの実践者に記入してもらった．インベントリーシートは，プログラムを実施する上で必要となるスタッフの人数，機材と備品，協力

図 5.1 しめっち CEPA プログラム集（提供：北海道ラムサールネットワーク）

者のほか，実施上のコツや注意点などについても具体的に記載されており，プログラムに興味を持った方が実際に参考にして実施できるように実用的な内容となっている．

ワークショップでリスト化された128事例を簡単に分析すると，プログラムの対象では一般市民が最も多く（42%），次に子どもと学校（27%）となり，ステークホルダー（5%），専門家（3%），企業（2%）には十分にアプローチできていない現状が浮かび上がった．CEPAの分野においては，多様な関係主体との意見交換や協働に関する「対話」を実践するプログラム（10%）が少ない傾向があった．ワークショップでは，こうしたCEPAプログラムの偏りや実践上の課題に関する意見交換も行われ，課題解決に向けた解説やコラムをプログラム集に掲載することにした．

HRNメンバーは子どもと学校を対象にしたプログラムを多く実践していたが，このことは地域における湿地への理解や保全などへの協力を育む上でも評価できる点であると考えられた．しかし，学校との連携や効果的な体験学習プログラムの実施方法などの課題に関してもサイト間で共通していた．そこで，共通課題への対応として，専門家を招いてワークショップ「地域の学校と連携して小学生を対象とした体系的なプログラムをつくる！」を実施した．

「しめっちCEPAプログラム集」は2018年3月に完成し，国内のラムサール湿地を中心に各所へ印刷物を配布した．特設サイトも開設し，印刷物では掲載しきれなかった内容も掲載しているほか，新規の掲載事例の提供も呼びかけて

図5.2 北海道ラムサールネットワークのワークショップ（提供：筆者）

おり，今後もプログラム集が多くの実践者に活用されていることを期待している．プログラム集を作った HRN メンバーにとっては，各自で実施しているプログラムを見直し，課題と成果を整理し，ワークショップなどを通じて対話と交流，そして学びを体験する機会となった．CEPA プログラムの実践者にとっては, CEPA プログラム集の作成こそが価値のある CEPA 活動になると考えられる．　〔牛山克巳〕

参考文献

・北海道ラムサールネットワーク（2018）：しめっち CEPA プログラム集.
https://wetlandhokkaido.wixsite.com/cepa

5.1.3　事例 2：湿地の住民主体・住民参加の調査

a. 住民主体・住民参加の調査と調査手法開発

湿地の調査は, 古くから生業に関するものを中心に地域の人々が行ってきた．漁場の水温や風向き，雪解けや水田の水温などである．近代に入って，干潟の底生生物や野鳥，昆虫，植物などで生業に直結しないものを，愛好家や専門家，自治体などが調査するようになった．これに住民が加わることもあり，これは住民参加型調査といえる．

湿地の住民参加型調査の 1 つに，春から夏にかけて潮干狩りの場ともなる干潟の調査がある．2006 年開始の多摩川河口干潟の生物調査「SCOP100」では，約 100 人の参加者がスコップで 25 cm × 25 cm × 20 cm の穴を掘り，① 生物採取，② 調査結果の整理・振り返り，③ 情報の共有をしている．また，2007 年から実施されている藤前干潟の「海の健康診断」では，干潟 1 m 四方の枠内の ① 表層，掘返し調査，② 種類分け，③ 数と重さの測定，④ 五感による環境評価が行われている．

同じく 2007 年から，干潟生物の専門家，鈴木孝男東北大学助教（当時）と日本国際湿地保全連合（以下，「WIJ」）が福島県・松川浦や千葉県・小櫃川河口干潟などで試行調査を重ね, 専門家に頼らずに干潟生物を調査できるように「市民調査の方法」を考案した．それは,「① 8 人以上，② 表層 15 分・掘り返し 15 回調査，③ ガイドブックによる種の同定（種類を特定すること）・調査表への記録，④ データ整理・種多様性及び優占種の評価等，⑤ 結果の報告」から成り立つ．地域の人々が干潟に関心・興味を持ち，干潟の生物多様性を把握できる手法である．

これをふまえてWIJは，調査の仕方と，干潟の底生生物の見分け方を解説した図解入りの『干潟生物調査ガイドブック』仙台湾編[1]，東日本編[2]，全国版[3]と，干潟の概要とこの調査方法を解説したDVD，実物大のカニや貝類の写真が載った干潟でも使える下敷きを制作し，関係者に配布した．

b.　東日本大震災後の干潟と高校生等による干潟調査

宮城県南三陸町の志津川湾奥にある八幡川河口には，東日本大震災の津波で防潮堤が壊れて入り江となり，生物が増え始めていた．そこに巨大防潮堤計画が国や県から出されたが，住民などの運動によって防潮堤を内陸に移動する案が認められ，この河口域が残されることになった．

その場所で2017年に，棲息する生物の種類を網羅することを目的に，地元・志津川高等学校自然科学部によって，『干潟生物調査ガイドブック～東日本編～』[2]を使った調査が行われた．その結果，レッドリスト掲載種12種を含む78種の底生生物が確認され，その後も後輩に引き継がれて調査が継続されている．

この調査は，担当高校教員のほか，専門家の協力によって行われている．南三陸町立自然環境活用センターの博士号を持つ任期付研究員や，調査手法を開発した専門家なども調査に関わり，難しい種の判定などに協力している．

同様の取り組みは，2019年以降，地元の自然や文化を体験しながら学ぶ小・中学生による「南三陸少年少女自然調査隊」による折立海岸での調査へと波及している．調査は同じ手法で調査が行われて，2022年の調査では41種が観察され，マガキ，イシダタミ，アサリが折立海岸の「優占種」であることがわかった．

調査結果等は，宮城県内の高校生が集まる理科研究発表会や，「里山カンファレンス2021 in 南三陸」などで報告され，また，図鑑づくりや高校生による町内の小中学生への出前授業，南三陸町公式YouTubeチャンネルの「南三陸なうチャンネル」などで公開されている．

c.　住民主体・住民参加の調査の今後の課題

湿地調査には3種類ある．それは，① 地域の産業を基盤とし試験場などと連携した住民主体の調査．② 施設，学校，自治体，研究所の連携を背景とする住民参加型調査．谷津干潟や藤前干潟，大山上池・下池などでは，専門家でもあるセンター職員が軸になって，住民と協力し合って調査が進められている．さらには ③ 専門家のみによる調査である．

この 3 種類の湿地調査の役割分担と相互乗り入れ・交流が，今後は進んでいくだろう．そして，専門家を軸としながら，子どもやユース，大人と世代にまたがる調査活動が日常化していくと考えられる．〔**佐々木美貴**〕

引用文献

1）鈴木孝男ほか（2008）：干潟底生物調査ガイドブック—仙台湾沿岸域編，日本国際湿地保全連合．
2）鈴木孝男ほか（2009）：干潟生物調査ガイドブック—東日本編，日本国際湿地保全連合．
3）鈴木孝男ほか（2013）：干潟生物調査ガイドブック—全国版（南西諸島を除く），日本国際湿地保全連合．

5.1.4　事例 3：フィールドでのオンライン授業が持つ力

a.　ふなばし三番瀬環境学習館での干潟の学習

ふなばし三番瀬環境学習館（以下，学習館）は，東京湾最奥部の干潟・浅海域である「三番瀬」に面した環境学習施設である．館内の展示及び三番瀬の生きものを見せる水槽や標本，週末に開催する多彩なワークショップなどで，三番瀬で暮らす生きものや環境について学ぶことができる．また，春から秋にかけての平日は毎日のように小学校の校外学習を受け入れている．実際に干潟に足を踏み入れ，生きものの採集・観察を通して体験的な学びを得る実践的なカリキュラムが好評である．

2020 年より，当館ではこうした活動の一部をオンライン授業として実施している．本取り組みによって得られた知見及び，フィールドから発信するオンライン授業の可能性について紹介したい．

b.　機材・道具としくみ

オンライン授業は，干潟から生中継する形式で行われる．干潟のスタッフはメインとカメラマンの 2 名で，機材は会議アプリ Zoom を入れたスマートフォンと，教室からの映像を受け取るタブレット端末を用いている．教室では担任 1 名が，映像を受け取るパソコン及びスクリーンと，子どもの様子を発信するタブレット端末を用意して実施した．

図5.3　リアルタイムでカニを採集，画面に釘付けの子ども（提供：ふなばし三番瀬環境学習館）

c.　干潟で行うオンライン授業の特徴

2020年10月，東京学芸大学附属竹早小学校に向けてオンライン授業を実践した．授業の中では，カメラを左右に振って干潟の広さを実感させる，子どもの目の前でカニを採集する，接写してその形態を観察させるなど，子どもが疑似的に干潟を体験できるよう意識した（図5.3）．オンラインでの観察はカメラを通したものになるため，実際の生きものを手に取っての観察に比べ，子どもが得られる情報が均一，かつ制限されたものとなる．しかしこうした制限を逆手に取り，限られた時間の中で指導者が見せたいものを子ども全員に見せる，という指向性を持った観察に結び付けることができた．

さらにこの授業形式の最大の特徴は，干潟から情報を発信するだけでなく，教室からの情報を干潟で受け取ることができるという双方向性にある．授業内では，カニの観察の前に「カニを思い出して描く」時間をとり，子どもが取り組む姿を担任の持つタブレットでスタッフと共有した（図5.4）．これにより，子どもがカニについてどのように理解しているのかを確認し，その後の展開の糸口とすることができた．例えばこの学級ではほとんどの子どもが長い眼柄を描き，全体を赤く塗った．これを確認し，採集したカニを映した際に眼柄や体色に注目するよう声掛けをすることで，実際の観察のような疑問を伴う観察につながる．対面の授業では自然にできていたことを，オンラインでも実践することができた．

図 5.4　子どもの学習内容を共有している際の画面（提供：ふなばし三番瀬環境学習館）

d.　オンラインがフィールドへ導く

オンライン授業後の子どもの感想などを見ると,「実際に干潟に行きたくなった」という声が目立った．実際に 20%を超える子どもが，学校から車で 1 時間という距離にもかかわらず，学習館及び干潟へ足を運んだ．これはもちろん担任による意識付けによるところも大きいが，それだけではなく，カメラ越しとはいえ目の前でカニを捕るところを見ることが子どもの興味を引き，自分でもやってみたいという意欲をかき立たせた結果だと考えている．オンラインでの疑似体験では少し物足りないが，それがかえってフィールドでの実体験へ導いたのだろう．

オンラインには，フィールドと教室を結び付ける力だけでなく，子どもとフィールドの心理的な距離を縮め，フィールドに誘う力があるように思う．ぜひ活用していただきたい．　〔小澤鷹弥〕

5.1.5　事例 4：公民館における湿地保全の取り組み—福生市を事例に

a.　東京都福生市を流れる熊川分水

福生（ふっさ）市は東京都の西部にある人口約 6 万人の小さな自治体である．福生市には 1890 年に全長約 2.1 km の熊川分水が開通し，主に生活用水や工業用水として利用されてきた（図 5.5）．現在熊川分水の大部分は私有地を流れるため，分水の暗渠化が進んでいたり，分水に残っている貴重な空石積みが崩れてしまったりしているなど水辺の景観が失われつつある．そこで福生市では貴重な熊川

図5.5 現在の熊川分水の様子（提供：筆者）

表5.1 熊川分水に関する講座の変遷

実施年度	講座名	講座参加者数
2003年	熊川分水再発見講座	300
2004年	熊川分水に親しもう	50
2006～11年度まで	熊川分水を考える（2011年まで毎年実施）	386
2011年～	熊川分水たんけん隊	209
2012年～	熊川分水に親しむ講座（熊川分水を考えるの後継として実施）	428
合計		1373

分水の景観を護るために，2017年9月に景観重要資源第1号に「熊川分水」を指定した．

b. 公民館における熊川分水に関する実践と課題

福生市公民館の1つである白梅分館では，長年熊川分水に関する歴史や自然に着目した様々な講座を実施してきた．実施した背景として，人と地域・自然との関係性の希薄化や明治期から福生市の生活や産業を支えてきた熊川分水を保全し次世代へつなげていく人材の育成という地域課題がある．表5.1が白梅分館で実施してきた講座の変遷である．大きく分けて熊川分水に親しむ講座（旧熊川分水を考える講座）と熊川分水たんけん隊の2つである．講座のスタートは「熊川分水再発見講座」で，熊川分水の成り立ちや，産業・生活利用についての基礎的な理解から学習が始まった．熊川分水再発見講座終了後に「熊川分水に親しむ会」という住民の学習組織が立ち上がり，熊川分水の自然や貴重な建造物の保全に関する学習が継続している．時には学んだことを活かし講師となって熊川分水に関する保全・普及啓発に関する活動を行い，学習成果を地域に還元している人もいる.

一方で 2008 年度まで，講座対象が成人となっていた課題から，今後地域の担い手となる親子世代を対象に熊川分水の貴重な自然の重要性について考えてもらうために「熊川分水を考える」講座の一部に親子向けの自然体験講座が企画された．2011 年「熊川分水を考える」講座から親子向けの学習を切りはなし，親子向けの事業として「熊川分水たんけん隊」が始まり，生態調査を含めた自然環境学習が行われている．調査結果については〈e〉表5.1を確認してほしい.

現在の講座の課題として，受講者の半数が「熊川分水に親しむ会」のメンバーと受講者の固定化がみられ，新しく地域の自然文化資源についての理解や保全について勉強したいと思う住民がなかなか増えないこと．熊川分水たんけん隊については，夏休み時期に 1 回単発講座となっているため，継続的な自然環境学習につながっておらず，次世代の人材育成にはつながりづらいといった課題がある．今後は親子で自然体験を通して学んだことをステップアップできるように一度講座の接続や内容について再考し，熊川分水を通して地域住民がつながり学習成果を地域に還元できる仕組みを構築していくことが求められる.

〔菊池　稔〕

5.1.6　事例 5：博物館や動物園・水族館の果たす役割

a．生命は水から生まれ，生物は水とともに生きてきた

地球は水と生命の星である．地球の歴史の初期に水素が大量発生し，水は地球形成とほぼ同時に発生したと考えられている．初めての生命は単細胞生物として海で生まれた．水はヒトをはじめとする生物にとって欠くことのできないものである．水の不思議さ大切さ，そして，ヒトとのつながりを知らせてくれるのが，博物館や水の科学館である．博物館や科学館は身近にある自然や科学をわかりやすく一般の人々に伝える役割がある.

水がどこで生まれ，どこを流れ，目の前に来ているのか，わかりやすく体験を通して学べるのが東京都水の科学館などの「水の科学館」であり，校外学習やオンライン学習で活用されている．映像と実験，遊びの体験を通して，何気なく当たり前に飲用し，使用している水について，楽しく学ぶことができる．COVID-19 の影響で実際の活動ができなくなったことを受けて，バーチャル教

材への取り組みも進み，荒川知水資料館 amoa をはじめ，多くの科学館が映像を駆使している．

中でも，過去の水害の記録は，地域住民の命に関わる重要な教材の1つといえる．埼玉県立川の博物館では，災害伝承碑を水害，地震，火山災害，飢饉，旱魃(かんばつ)，疫病流行の別に記したリストと位置図を展示する企画展を行っていた．これは，学芸員が実際に，「埼玉県内の災害碑を調査し，水害に加え，地震，火山噴火，飢饉，旱魃，疾病を伝承する石碑について調べた高瀬正氏の記録を基に，先人が災害について伝えんとすることを受け取り，災害の歴史や現代への教訓を考えるもの」[1)] として企画された．企画展は2022年3月で終了したが，災害伝承碑マップは常時販売され，地図やパネルの貸し出しは継続して行っている．荒川知水資料館のオンライン社会科学習指導案でも,「水害は4年に一度起こる」と警鐘を鳴らしており，博物館や科学館が防災機能の重要な役割を果たしているといえる．

b. 動物園・水族館が地球を救う

それでは，動物園や水族館の役割は何か．生きた生物を展示し，その生態や行動を科学的に説明し，広く一般の人々に伝えること．そして，それを取り巻く自然環境の変化を伝えるという重要な課題がある．動物の生息域の環境を知らせることはヒトの生活圏の未来を伝えることでもある．動物園はもちろん，水族館は地球環境の変化をより敏感に伝えている．水族館は地域の海域の生物を展示することが多く，水環境の方が大気環境よりも気候変動の変化が早く現れるため，情報を早く入手できる．北極に住むホッキョクグマの保全が叫ばれるのも，それだけ危機が迫っているからである．

そして，動物園や水族館の大きな役割は教育活動にある．教育活動にとって最も重要な幼児期に両親や大人とともに体験できること（図5.6），また，大人にとっても環境保全活動に対する意識を改めるきっかけとなる可能性があることが重要である．東京都恩賜上野動物園のように, 自然観察活動の拠点となり,継続した活動はまちづくりへと発展している．佐渡友陽一が言うように「親は動物園で子どもの成長を感じると同時に，自身も親として成長する．高齢者にとっては『次世代への貢献』の機会を提供する」[2)] 場として, 日本各地の動物園が子どもから大人まで，あらゆる世代を対象とした教育活動に工夫を凝らしている．動物園と水族館が地球を救う役割を担っているといえるだろう．地球の

図5.6　不忍池でカワウの観察をする様子(提供：筆者)

気候変動をいち早く伝えてくれる場となっている．　〔河村幸子〕

引用文献

1) 埼玉県立川の博物館（2022）：「埼玉県の災害伝承碑」.
https://www.river-museum.jp/ex-post/%E5%9F%BC%E7%8E%89%E7%9C%8C%E3%81%AE%E7%81%BD%E5%AE%B3%E4%BC%9D%E6%89%BF%E7%A2%91/(参照 2022 年 4 月 30 日)

2) 佐渡友陽一（2022）：動物園を考える―日本と世界の違いを超えて，p.151，東京大学出版会.

5.1.7　事例 6：コウノトリ学習

a. 豊岡市におけるコウノトリ学習の取り組み

兵庫県豊岡市は，一度は絶滅したコウノトリの野生復帰を実現するため，コウノトリも暮らせる豊かな生態系の再生に取り組んできた．これらの取り組みが認められ，2012 年に市域の中央部に流れる円山川を中心とした「円山川下流域・周辺水田」がラムサール条約に登録された．

縄文海進の時代，豊岡は大きな入江であったが，河口から約 7 km にある玄武洞付近の狭い地形により，流入した土砂がその上流部を埋め立て，現在の豊岡盆地が誕生したといわれる（図 5.7）．低い湿地部に人々が水田をつくったことで，コウノトリの生息に適した環境が生まれたとされる．

豊岡市では，2017 年度から市内全公立小・中学校で「ふるさと教育」を行っている．ふるさと教育の初めに小学 3 年生では，県立コウノトリの郷公園や市立ハチゴロウの戸島湿地などでコウノトリや生息環境を学ぶほか，体験活動を

図5.7　来日岳から望む豊岡市（提供：豊岡市）

図5.8　生きもの調査の様子（田結(たい)湿地）（提供：豊岡市）

通して身近な自然に触れる．河川や田んぼ，ビオトープをフィールドにした生きもの調査や稲作体験など，ふるさと豊岡の豊かな自然を体感させ，自然に親しむことを身近なものとすることが狙いである（図5.8）．5年生では，コウノトリの生態をさらに深く学んだり，「コウノトリ育む農法」について学ぶ．

これらの学習を通して，小さな命の大切さ，命のつながり，そして命を育む自然の大切さを感じとる心を育んでいく．市は「いのちへの共感に満ちたまちづくり条例」(2012) を制定しており，そのまちづくりの基盤をつくっていく，大切な取り組みの1つである．

b.　自然との触れ合いがもたらすもの

小・中学校でのふるさと教育における，コウノトリをテーマとした学習の成果は，コウノトリと共生するために行動しようという気持ちが高まる[1)] など，アンケート結果にも表れている．豊岡市は，さらに幼児期からの自然体験により，子どもたちの非認知能力を育むことができると考えている．

市内の八代保育園の近くには，コウノトリの人工巣塔がある．同園は，2018年に「コウノトリの巣塔がある保育園」として，農地を借りてビオトープを整備した．園の職員らが管理を行い，園児の身近な自然体験の場とするため，網を使った生きもの調査，畔からの観察など日々の保育事業で活用している．また，ラムサールエリアにある加陽（かや）湿地と周辺の里山では，森のようちえんも始まった．

幼児期から自然や生きものに触れ合うことで自然との付き合い方を学び，非認知能力や身体能力だけでなく，子どもたちの自然や生きものから驚きや感動を受け取る感性を磨くことにもつながると考えている．また，そのような子どもたちの姿は，保護者や地域住民など大人たちの意識も変えていくだろう．

〔戸田早苗〕

引用文献

1）本田裕子（2019）：兵庫県豊岡市における「ふるさと教育」としてのコウノトリ学習の導入と検討，環境教育，**28**(3)，25-34.

5.2　湿地保全の主体としての子ども・ユース

5.2.1　解　　説

a.　湿地づくりに不可欠な担い手としての子ども

CEPA における「参加（participation）」について，「ラムサール条約 CEPA プログラム 2016-2024」（ラムサール条約締結国会議決議 XII.9）は，「湿地の保全と賢明な利用のために，戦略や行動を共同で策定，実施，評価することにステークホルダーが関わること」[1] と定義し，「CEPA プログラム 2016-2024 の対象となり得るグループとステークホルダー」として子どもやユースを「次の世代の環境管理者ないし環境の世話人」[1] と位置付けている．

2022 年の「世界湿地の日」（2 月 2 日）にラムサール・ネットワーク日本と韓国湿地 NGO ネットワークとで共同発表した「世界湿地の日に全ての湿地の十全な保護を求める共同声明」では，「湿地の保全と管理にあたっては，湿地に関連した市民科学の成果を十分に参考にし，管理の計画段階から情報を周知し，先住民，地域住民，NGO，青少年，女性などの意思決定参加の権利を保障し，湿地の管理·運営への積極的な参加を保障すること」を日韓両国政府に求めている[2)]．また,「2030 アジェンダ」では，子どもやユースを「変化のための重要な主体であり，彼らはこの目標に，行動のための無限の能力を，また，よりよい世界の創設にむける土台を見いだすであろう」[3)] と位置付けている．さらに，次項以降の事例のように，湿地の中には，湿地保全やワイズユースに参加し，主体的に取り組む子どもやユースの姿があり，その子どもたちは湿地の持続可能性に対して欠かすことができない存在となっている．それゆえに，子どもやユースは,「次の世代」としてだけではなく今現在の時点においても湿地の保全やワイズユースに不可欠な担い手として位置付ける必要がある．

b. 「子どもの参画」と子どもの権利条約

特に，子どもの参加と関わり，環境心理学者であるロジャー·ハートは,「子どもの参画」を権利として捉え,「子どもの参画は民主主義を体験することにある」[4)] とする．また,「子どもたちは，直接に参画してみて初めて，民主主義というものをしっかりと理解し，自分の能力を自覚し，参画しなければいけないという責任感を持つことができるようになる」[4)] とし「地域コミュニティに参画するという原則とその実践こそが子どもの環境教育に必要」[4)]だとしている．そして,「どんな子どもでも価値があり，長続きする役割を果たすこと」[4)] が可能なのは「子どもの参画が真面目に考えられ，発達しつつある彼らの能力が認められる場合だけ」[4)] だと大人の子どもに対する態度についても指摘している．

また，ハートは，子どもが大人と一緒に何らかの活動を行っていく際の「子どもの参画」のあり方を，子どもの自発性や協同性などの主体性の度合に応じて８つの段階に分けた「参画のはしご」を提起している[4)]．「参画のはしご」において最初の３段階である「操り参画」「お飾り参画」「形だけの参画」は非参画の段階として批判し，子どもたちの主体性の深まりに応じて「子どもは仕事を割り当てられているが,情報を与えられている」「子どもが大人から意見を求められ,情報を与えられている」「大人が仕掛け,子どもと一緒に決定する」「子どもが主体的に取りかかり，子どもが指揮する」と参画の段階が高まり「子どもが主体的に取りかかり,大人と一緒に決定する」を最上の段階においている．こうした参画の段階に対する大人たちの関わり方として,「子どもたちはいつもできるかぎり最上のランクで活動しなければいけないわけではなく，どんな子どもも自分の力量で臨める最高のレベルでの参加が選べるように，機会を最大限に与えるべきだ」[4] という.

佐藤一子はハートの「子どもの参画」論における「大人」という用語には,「大人の側から価値付けされ，運営されている社会の組織や制度も含まれており，個々の大人自身がこのような組織や制度から疎外されており，みずから参加を求めて働きかけていなければならない課題がある」[5]と指摘している．そして，その意味で「大人がまず参加，参画の主体とならなければならないという問題」[5] が「子どもの参画」論の前提にあるとしている.

こうした「子どもの参画」論を支えるのが子どもの権利条約である．子どもの権利条約は，子どもの生存と発達を権利として保障し，子どもたちを常に受動的な存在としてではなく，ともに社会をつくり未来を描いていく主体的な存在として捉える子ども観への転換を求めるものである．子どもの権利条約は，命を守られ成長できること，子どもにとって最も良いこと，意見を表明し参加できること，差別のないことの 4 つの原則を持ち，大きく分けて生きる権利，育つ権利，守られる権利，参加する権利の 4 つの権利から成る．中でも第 12 条で規定する「子どもに影響を与えるすべての事柄について自由に自己の見解を表明する権利」としての子どもの意見表明権は,「子どもに“人権”の主体としての地位を保障するのには，これを認めることが出発点」[6] と指摘され，様々な場面における子どもの参加の保障を考える上での土台となる権利だといえる.

c. 権利としての湿地保全への参加

こうしたハートの「子どもの参画」論をもとに湿地保全の主体としての子どもを捉えるならば，湿地保全に対する子どもの参加も，大人たちが考える湿地の保全を達成していくための手段ではなく，湿地保全への参加を子どもの権利として位置付ける必要があると考えられる．また，湿地保全への参加をすべての子どもに開かれたものにするために，すべての子どもに対して子どもの状況や興味・関心に応じたすべての段階の参加を保障し，子どもの参加を支援する条件整備が求められる．例えば，湿地保全には，日常的な環境整備や調査のほか，時には湿地の開発行為に向き合うことも含まれる．特に湿地開発をめぐる問題には，その地域が持つ政治性や価値観の対立など大人も向き合うのが困難な課題を内包するが，そうした湿地保全の課題が持つ性質や背景によって，湿地保全に対する子どもたちの参加の選択を制限することは避けなくてはならない．むしろ，そうした困難な課題を含めた湿地の保全に向き合っていくためには，困難な課題をどのように提示し，子どもの権利条約を勘案しつつ子どもの何を考慮しどういった支援やプロセスが必要なのかを問うていく必要がある．その際，大人たちは，子どもたちが安心して湿地をめぐるコミュニティの当事者であり，参加の主体でいられることを支え，子どもたちに対する信頼を前提にともに持続可能な湿地の未来を描いていく態度が求められる．さらに，難解な専門用語を子どもたちが理解できるように噛み砕きながら湿地に関する様々な情報や知識を伝えていくことや湿地をめぐる様々な学習を子どもたちの状況に応じて整備していくことも同時に求められる．

一方で，権利としての湿地保全の参加には子どもの主体性が十分に発揮されることを保障していく必要があるが，そのためには子ども自身が持つ湿地をめぐる様々な興味や関心を自分のペースで深めていくような子ども自身の心や時間のゆとりが必要となる．しかし，貧困問題や学力競争，自己責任論の広がりなど様々な課題が子どもたちの前に横たわり，ゆとりを持つことを難しくし，湿地との関わり自体が持ちにくくなっている現実がある．湿地は，美しい景観を見たり，豊かな自然と触れ合い遊んだり，ただボーッとできる居場所になったりと子どもにゆとりをもたらす重要な役割を持っており，湿地保全は子どもたちにとっても切実な課題である．子どもの湿地保全への参加のためには，こうした今を生きる子どもたち自身を取り巻く困難さにも着目する必要がある．

〔石山雄貴〕

引用文献

1）The Ramsar Convention Secretariat（2015）：Resolution XII.9 The Ramsar Convention's Programme on communication, capacity building, education, participation and awareness（CEPA）2016-2024（「決議 XII.9 ラムサール条約 CEPA プログラム 2016-2024」日本国際湿地保全連合訳）.

2）ラムサール・ネットワーク日本 HP.
http://www.ramnet-j.org/2022/02/information/5283.html（参照 2022 年 5 月 20 日）

3）United Nations（2015）：Transforming our world：the 2030 Agenda for Sustainable Development（「我々の世界を変革する：持続可能な開発のための 2030 アジェンダ」外務省仮訳）.

4）ロジャー・ハート著，IPA 日本支部訳（2000）：子どもの参画―コミュニティづくりと身近な環境ケアへの参画のための理論と実際，萌文社.

5）佐藤一子（2002）：子どもが育つ地域社会―学校五日制と大人・子どもの共同，東京大学出版会.

6）永井憲一（2000）：子どもの意見条約の意義と特徴，永井憲一ほか編，新解説子どもの権利条約，pp.3-9，日本評論社．

5.2.2　事例1：KODOMO ラムサール―子どもが主役の湿地交流プログラム

a.　KODOMO ラムサールとは

「KODOMO ラムサール」は，ラムサール条約と湿地のワイズユースの普及啓発・環境教育を進める NGO「ラムサールセンター（RCJ）」（事務局・東京）が開発，実践してきた子どもを対象にした湿地環境教育プログラムである．2006 年～現在（2022 年）まで濤沸湖，釧路湿原，クッチャロ湖，雨竜沼湿原，宮島沼，蕪栗沼・周辺水田，志津川湾，片野鴨池，佐潟，谷津干潟，三方五湖，琵琶湖，藤前干潟，串本沿岸海域，中海，宍道湖，くじゅう坊ガツル・タデ原湿原，荒尾干潟，漫湖，久米島の渓流・湿地などを舞台に 30 回以上開催し，各地から延べ 1500 人の子どもが参加した．

異なる地域やグループの子どもたちの交流イベントは様々な分野で試みられているが，KODOMO ラムサールは，参加する子どもたちが湿地の価値とワイズユースについて考え，自分の意見を持ち，それを発信できるようになる学習のプロセスがプログラムにしっかりと組み込まれている点に特色がある．第 1 回開催からファシリテーターを務めてきた中村大輔（RCJ 副会長）が，自身の小学校教員としての経験を基礎に改善を重ね，オリジナルの環境教育プログラム〈ダイスケメソッド〉として確立したものだ．

b.　子どもが主役の〈ダイスケメソッド〉

KODOMO ラムサールは，ラムサール条約登録湿地を舞台に 1 泊 2 日で実施するのが基本である．各湿地の子ども代表（小学 4 - 6 年生）数人ずつと，地元（主催湿地）の子どもをあわせて 36 人が，6 人ごとのグループに分かれて活動する．初日のオリエンテーションで「活動の目当ては，自分たちで湿地の宝（すばらしさ）を見つけて，ポスターをつくること．子どもが主役で，おとなはリードしない」と，ファシリテーターが目標を明らかにし，プログラムが始まる．

子どもたちは，① お互いを知る活動紹介のあと，② 地元の人の案内でフィールドへ出て湿地の宝を探し，③ グループ内で話し合って 6 つの宝を決め，絵を描き，キャッチフレーズを考える．ここまでが第 1 日の活動だ．翌日は④ 各グループがそれぞれ選んだ宝を紹介し，話し合いで 6 つにしぼる全体会議，⑤ 選

図5.9　「KODOMOラムサールクジュウ坊ガツル・タデ原湿原」(2015年7月）でつくられたポスター
6つの宝には「わき水」「野焼き」「自然を大切に守る人々」「ミズゴケなどの貴重な植物」「衣・食・住の文化」「自然を守ってくれている動物」が選ばれた.

ばれた宝をランキングし，イラストとキャッチフレーズを選び，⑥ポスターをつくる.

これらは基本，子どもたちだけで進めていく．ファシリテーターは時間管理と話し合いの進行役に徹し，多数の裏方ボランティア（おとな）がプログラムの運営をサポートするが，子どもたちの活動やディスカッションに介入はしない.

早朝から夜まで盛りだくさんのプログラムと課題の重さに涙ぐむ子がいる．初めて会うもの同士，なかなか言葉を発せない子もいる．しかしプログラムを進めるうちに，助け合って課題をこなし，他人の意見を聞き，自分の考えをはっきり言えるようになっていく．その子どもたちの変化には，いつも驚くばかりだ．最終日，完成したポスターを地元の村長さんや市長さんに贈呈し，子どもたちは自信に満ちた充実した表情でそれぞれの湿地に帰っていく.

c. NGO活動から地域協働取組へ

KODOMOラムサールは，当初はRCJが地球環境基金の助成で運営していたが，「環境省平成26年度地域活性化に向けた協働取組の加速化事業」に採択された2014年以降は，湿地を所管するラムサール登録湿地関係市町村が主催し，RCJは協働パートナーとしてプログラムの運営に協力する形で実行されるようになった．宝探しをするフィールドも，湿地だけに集中せず，湿地を含む地域全体の環境を視野に入れたまちおこし的プログラムに変わってきている.

初期の「KODOMOラムサール」参加者の多くは社会人となり，科学者，行政官，教員，NGOリーダーなど，様々な湿地保全に関わる人材に育っている.

コロナ禍でしばらく開催が途絶えているが，活動の継続を望む市町村の声は多く，RCJ では再開の準備を進めている．〔**中村玲子**〕

5.2.3　事例 2：マガレンジャー

マガレンジャーは，ラムサール湿地である宮島沼（北海道美唄市）で活動する小学 3 年生から高校生の子どもたちのグループである．マガレンジャーは 2003 年から始まったが，当初は地元の小学生を対象にした年 2 回の自然体験プログラムであった．宮島沼はマガンの渡りの中継地として有名であり，最初に行ったプログラムでは，マガンの採食地として重要な機能を持つ田んぼでの体験学習を行った．参加した子どもたちが楽しそうに遊び，学んでいる様子も印象的だったが，ほとんどの子どもたちの実家が農家であるにもかかわらず，田んぼに入って遊んだ経験がなかったことに衝撃を受け，以降,「野遊び」をコンセプトに様々なプログラムを行っていた．

マガレンジャーに参加する子どもたちのほとんどは，へき地校であった地域の小学生であった．その小学校が市内中心部にある小学校に統合され，廃校になったことから，地域の子どもたちが地元で頻繁に集える機会をつくるため，2007 年にマガレンジャーは子どもたちのグループとして生まれ変わった．同じ年には拠点施設として宮島沼水鳥・湿地センターが整備され，月に 1 回程度を目安に活動を行っている．

マガレンジャーの最大の特徴として，活動の計画，準備，実施のほとんどをメンバーである子どもたち（隊員）だけで行うことが挙げられる．隊員たち自らが年間の活動計画と，それぞれの活動の内容や日時を話し合って決め，活動ごとに隊員の中から準備や進行を担うリーダーを決めて実施している．活動の中にはゴミ拾いやマガンのカウント調査などの定番もあるが, 紙芝居やクイズ, マガンの模型などの展示物をつくったり，昆虫や魚の調査をして図鑑をつくったり，地元の農産物の普及のためにメニュー開発をしたり，実に多彩な活動を繰り広げている（図 5.10）.

隊員達の興味関心によっては，外部講師に協力をお願いすることもある．これまでコウモリや魚の調査のほか，大学の研究室の協力で水質の調査と研究室の訪問も行ったことがある．湿地における子どもたちの交流事業にも度々参加し，他の湿地に遠征することもある．外部講師などとの調整や関連する予算の

図5.10　「宮島沼カントリーフェス」ではヨシ紙づくりのブースを運営（提供：筆者）

図5.11　フォーラムのポスター発表で行った活動報告（提供：筆者）

獲得は担当スタッフの数少ない役割の1つであるが，こうした交流は隊員達に大きな刺激となり，マガレンジャーの活動の欠かせない要素となっている（図5.11）.

マガレンジャーの活動の中心は，小学生隊員達である．中高生隊員は部活動や勉強などで忙しいながらも，陰ながら小学生隊員を導いたり，サポートしたりしていて，欠かせない役割を担っている．こうした役割を果たせるのも，小学生のときから活動を率先していたことで主体性が身についた成果なのかもしれないと感じている．もちろん中高生隊員が率先する活動もあり，2014年には「マガレンジャープロデュース！　宮島沼の魅力たっぷりお伝えします！」と題した，子どもたちの，子どもたちによる湿地交流会を企画し，見事に成功させた．近々マガレンジャー卒業生による「マガレンジャーユース」を発足させる計画もあるとのことで，とても楽しみにしている．

マガレンジャーを主催している宮島沼水鳥・湿地センターのスタッフは，一応マガレンジャーの隊長，副隊長という肩書はあるが，主役は隊員たちである．宮島沼には，宮島沼の会や宮島沼プロジェクトチームといった大人たちのグループもあるが，マガレンジャーはそれらと対等な宮島沼のパートナーであると隊員たちに伝えている．

マガレンジャーは，必ずしも自然や生きものに興味と関心が高い子どもたちが集まったのではなく，地元で遊びながら，友達と活動をしたい子どもたちで構成されている．遊び場であった宮島沼が，大人になってからも地元の大切な場所として認識されることは，宮島沼にとってかけがえのない財産になると感じている．〔牛山克巳〕

5.2.4　事例 3：谷津干潟ユース

a.　谷津干潟の概要

谷津干潟ユース（以後，ユース）は，東京湾奥部の千葉県習志野市にあるラムサール条約登録湿地，谷津干潟での取り組みである．当地の保全上の課題は，飛来するシギ・チドリ類の減少や海藻のアオサの繁茂と腐敗，ホンビノスガイの貝殻堆積による潮汐の阻害などの対策である．干潟南岸には習志野市が設置する谷津干潟自然観察センター（以後，観察センター）がある．

習志野市は，東京都心から約 23 km の距離にあり，谷津干潟の周辺の埋立地には住宅地が広がる．干潟に接して千葉県立津田沼高校があり，干潟から 5 km 圏内には千葉工業大学，東邦大学理学部，日本大学生産工学部がある．

b.　谷津干潟ユースの概要

ユース発足の経緯は，ラムサール条約登録 20 周年を記念する 2013 年のイベント「第 16 回谷津干潟の日（以後，干潟の日）」である．シンポジウムのテーマを「未来への扉を開こう」とし，干潟の日実行委員会に将来の干潟の保全とワイズユースを担う若者を迎え入れたことが発足のきっかけとなった．

メンバーの募集は，主に観察センターのスタッフの声がけによる勧誘で行われ，生物部に所属する近隣の津田沼高生，地元や東京の大学に通う学生が参加した．個人で参加した学生の中には小学生のときから観察センターに通っていたメンバーもいたが，多くは谷津干潟の実際をよく知らない学生だった．

活動は，メンバーから議長と副議長を選出し，活動方針や目的，内容を整理するところから始まった．経験の異なる高校生と大学生が各所から集まり活動を始めることから，観察センターのスタッフと津田沼高校生物部の顧問が，メンバーに助言や情報提供などの支援を行うコーディネーターとして関わった．

ユースの活動の目的は,「谷津干潟における保全と賢明な利用を考え谷津干潟へ還元すること」とし，① 谷津干潟の生物調査，② 干潟の日に環境教育プログラムの実施，③ 湿地と人の関わりの調査，④ アオサの肥料化，の 4 つの班に分かれて毎月 1 回程度活動し，6 月の干潟の日にそれまでの活動の成果を発表した．ユースの活動は，干潟の日実行委員会の事業に位置付けられ，イベントの企画内容を委員会に提出し，承認を得るかたちで進められた．

その後の活動の舞台は，観察センターの世界湿地の日イベントへの出展，環境省の谷津鳥獣保護区保全事業のイベントへの協力，観察センターで開催された日本湿地学会大会でのポスター発表などがあり，ユースによるワイズユースの実行例や提案として，① アオサ粉を使ったパンの販売，② アオサからのバイオエタノール抽出，③ ホンビノスを具材に活用する肉まん企画提案などがある．

c.　活動の成果—活動を実践して

ユース活動の条件や意義，その効果，運営のポイントを以下に整理した（表 5.2）．

実感を持ち，客観的な視点を学ぶ場となる：　ユースの活動は，同世代の仲間と湿地の体験を楽しみながら湿地を知り，湿地の問題の存在に気づき，理解する機会となる．また，施設スタッフや，大学などの研究者，環境省自然保護官や調査会社など技術者との交流の機会があり，専門家による客観的，科学的な

表 5.2　ユース活動の条件

以下の条件があると取り組みやすい．計画的に施設を設置し職員を配置することが望ましい．
□湿地に高校や大学から公共交通で行ける
□湿地に会議室などを備えた施設がある
□施設に職員が常駐している
□施設で小学生や中学生向けのプログラムを提供している
□施設にボランティア制度がある
□活動の発表ができるイベントがある
□湿地で漁業や農業，観光業など産業が営まれている

視点を学ぶ機会となる．

若者の社会参加の場となる：　他のステークホルダーと交流しながら活動することで，保全やワイズユースの具体的な活動や提案が生まれた．ユースの活動は，若者世代の participation（参加）の促進に有効である．観察センターのような湿地センターは，ユース事業によって「学び」と「実践」をつなぐ役割を発揮することができる．

コミュニティに活気をもたらす：　ユースの活動は，若者が大人から支援を得ながら成長し活躍する場であり，大人にとっては，若者を支援する役割を発揮しつつ，若者の成長や活躍に励ましをもらう場となる．世代を越えた交流は，コミュニティを活性化させる．

ユース活動の運営のポイント：　自らの目でフィールドを確かめる生物や環境の調査はユースの基礎的な活動となる．また，ユースを支援するコーディネーターにはユースの主体性を尊重するファシリテーターの役割のほか，活動の目標設定などに助言を行い，成果の発表の場を調整し，他所のユース活動との交流を設定するなどの役割が求められる．〔**芝原達也**〕

5.3　湿地をつなぐネットワーク／施設のネットワーク

5.3.1　解　　説

a．湿地をめぐる協働の輪をつくり，広げる

湿地は地球上の広範囲にわたり，水田，河川，湖沼，海洋，ため池など様々な様相で地表に現れている．また，地球上の水は，常に同じ場に留まっているのではなく，海水や地表面の水が蒸発し，上空で雲になり，やがて雨や雪になって地表面に降り，それが次第に川となり海に至るというように，絶えず循環している．この水循環において，湿原や川，干潟といった地理的に区切られた場は水が通過する一部分であり，それらの場は水循環を通してお互いがつながり合い，互いに影響し合っている．それゆえに，湿地保全やワイズユースには，区切られた１つの場だけではなく，その場を取り巻く包括的な水循環のつながりそのものも捉えることが求められる．また，私たちの暮らしは湿地からの恩恵によって成り立っているが，それは，飲み水や生活用水，食料，輸送手段，エネルギー源といった暮らしの必需品の提供，美しい景観，水遊び・スポーツ，

温泉といった暮らしを豊かにするもの，水の神事や産育習俗，絵画や物語などの暮らしの意味付けをするものなど多様である（詳細は参考文献を参照）．他にも，サンゴ礁やマングローブ林，河畔林などの湿地の形態は，飛砂，強風，水害，土砂災害などを防止し，私たちの暮らしを維持する機能を持っている．そのため，湿地には多様な人々による多彩な関わり方が存在しており，湿地の保全やワイズユースのあり方を考えるためには，湿地の持続性という共通認識を持ちつつ，多様に活動する団体や個人のパートナーシップによる協働の取り組みとそれを支え協働の輪を広げていくようなネットワークづくりが不可欠となる．

例えば，日本最大の遊水地である渡良瀬遊水地では，「渡良瀬遊水地保全・利活用協議会」が組織されている．この協議会は，湿地の保全やワイズユースを図るため，治水機能の向上と継続的な自然環境の保全及び様々な利活用の促進に関し，関係機関及び周辺の住民らが十分に協議を行うことを目的に組織され，利用団体，治水に関する団体，活動拠点とする団体など関係する各種団体，自治会など地域代表，環境省，国土交通省及び周辺4市2町の行政などの多様な団体が参加している[1)]．これまで，渡瀬遊水池にやってきたコウノトリやヨシの活用などについて協議してきたほか，マナーパンフレットや子ども向け教材作成などの取り組みをしてきている．

さらに，釧路湿原では，自然再生事業を効果的に実施するため，地域住民，NPO，NGO，地方公共団体，関係行政機関，専門家などで構成する「釧路湿原自然再生協議会」を2003年に設立している．この協議会では，各主体が連携して森や農地を湿原に戻すなど釧路湿原の保全・再生に向けた取り組みが進められており，特に，自然再生を普及させる行動計画の具体的な取り組みとして，「ワンダグリンダ・プロジェクト」を立ち上げ，地域内外の市民の活動を再生事業への参加として捉えることでネットワークを広げるプロジェクトを行ってきた[2)]．現在では，個人から，委員会等の組織，まちの店，NPO法人，株式会社，公共施設，学校など様々な主体がネットワークに参加し，各主体による様々な湿地に関する取り組みが行われている．他にも，5.3.4項にある「東京湾再生官民連携フォーラム」のように，各地で多様な団体による協議によって湿地の保全のあり方が議論され，湿地保全に関する共通認識をつくり出し，協働の輪を広げている．

b. 湿地をめぐる様々なネットワーク

また，各地の実践例や経験を蓄積し共有することで，自身の活動の参考にしたり，新たな仲間づくりをしたり，ともに学んでいく湿地関係者によるネットワークも重要である．5.3.4 項で取り上げている「ラムサール条約登録湿地関係市町村会議」では，毎年各地の実践を報告し合うほか，関係者によるワークショップなど地域をこえて様々な交流を進めており，「ラムサール・ネットワーク日本」では，全国の様々な情報を取りまとめ発信している．

他にも例えば，「北海道ラムサールネットワーク」は，全道に広がる 13 ヵ所のラムサール条約登録湿地に関係する施設機関・団体が連携し，ラムサール湿地の現場から湿地の魅力や価値を伝え，その保全と持続可能な利用について提案や協議を図るために結ばれたネットワークである[3]．このネットワークでは，湿地と関わるフォーラムやワークショップの開催，交流を通じた情報の共有や発信，環境教育の普及などを推進している．例えば子ども交流会や書籍『湿地への招待―ウエットランド北海道』の出版，湿地の魅力や価値を伝え，その保全と持続的な利用に参加してもらうことを目的に様々な取り組みをまとめた事例集『しめっち CEPA プログラム集』（5.1.2 項）の作成や，北海道の湿地の生きものや暮らしにちなんだ読札と絵札を全道の小学生，中学生から募集した「しめっちかるた」の作成などその活動は多岐にわたる．

国際的なネットワークとしては，湿地の保全と再生に取り組む「国際湿地保全連合（Wetlands International）」がある．「国際湿地保全連合」は，湿地の保全と回復を目的に 1995 年に設立された NGO であり，24 の国と 9 つの NGO が会員となっている[4]．主な活動としては，湿地の状態と変化の傾向や，湿地環境の劣化が社会に及ぼす影響についての知見をまとめ発信したり，国際水鳥センサス（IWC）といった世界的な水鳥調査の調整役など湿地に関する調査・研究，情報交換などの活動を行っている．さらに，日本を含め世界 20 ヵ国に事務所のネットワークを持ち，現場経験に基づくより良い政策のための提言を行っている．

また，「東アジア・オーストラリア地域フライウェイ・パートナーシップ（EAAF パートナーシップ）」は「東アジア・オーストラリア地域フライウェイの渡り性水鳥とその生息地が人と生物多様性に恩恵を与えるものとして認識され，保全されるよう，利害関係者館の意見交換，協力及び協働を推進するフライウェイ全体にわたる枠組みを提供すること」[5]を目的とした国際ネットワークである．2006年11月に発足し，パートナーとして，18ヵ国，6つの政府間組織，13の国際NGO，1つの国際的な企業，1つの国際組織が参加している[6]．

このように各地で協働の取り組みがされ，湿地をめぐる様々なネットワークがローカル・グローバルに組織されている．それらは世界の湿地の持続可能性に対して重要な役割を担っている．一方で，天然の湿地の劣化や消失が止まらない現状があり，湿地がもたらす恩恵やサービスはSDGsのすべてのゴールと関わるためSDGs達成に向けても，それに歯止めをかける必要がある．「持続可能な開発目標（SDGs）の達成にむけた湿地の保全，賢明な利用，再生のスケールアップ」では，SDGsの計画過程に湿地を組み込む必要性を指摘し，湿地の保全・賢明な利用・再生のための極めて重要な実施手段として，様々なステークホルダーのパートナーシップを構築することやラムサール条約湿地内の様々な社会分野間のパートナーシップを推進することを求めている[7]．また，元ラムサール条約事務局次長のニック・デイビッドソンは「人々の暮らしや貧困削減などに焦点を当てている組織など，他の部門と協力して，人々の将来の福祉のために自然の生態系を維持するという共通の便益についてより効果的な議論を展開する必要がある」[8]と述べている．これらが指摘しているように，これまで湿地と直接関わってこなかったSDGsに関連する様々な団体等との協働やネットワークづくりも重要になってくる．SDGsの達成やその先を見据えて，生きることそのものの根源にある水との関わり方を多くの人々とともに考えていく必要がある．

〔**石山雄貴**〕

引用文献

1）国土交通省関東地方整備局利根川上流河川事務所：渡良瀬遊水地保全・利活用協議会HP.
https://www.ktr.mlit.go.jp/tonejo/tonejo_index028.html（参照2022年11月14日）
2）菊地義勝（2017）：釧路湿原—日本で初めてラムサール条約に登録された湿地をとりまく地域の熱い思い，湿地研究，**7**，53-57.
3）北海道ラムサールネットワークHP.
https://www.hokkaidoramsarnetwork.com/about（参照2022年5月20日）
4）国際湿地保全連合HP.
https://www.wetlands.org（参照2022年5月20日）
5）EAAFP事務局（2019年）：Information Brochure（日本語・2019年版）
https://www.eaaflyway.net/wp-content/uploads/2020/09/2020-Brochure_for-

Partners_JPN.pdf
6) EAAF パートナーシップ HP.
https://www.eaaflyway.net（参照 2023 年 1 月 20 日）
7) The Ramsar Convention Secretariat (2018)：Scaling up wetland conservation, wise use and restoration to achieve the Sustainable Development Goals：Wetlands and the SDGs（環境省自然環境局野生生物課 (2020)：持続可能な開発目標（SDGs）の達成にむけた湿地の保全，賢明な利用，再生のスケールアップを参照）.
8) ニック・デイビッドソン (2019)：世界の湿地の重要性と状態―それは何？なぜ？そしてNGO はそれに対して何ができるのだろうか？，ラムサール・ネットワーク日本，ラムネット J 設立 10 周年シンポジウム〈第 2 弾〉ラムサール条約の実施と NGO の役割～水の自然な流れを守るために～発表要旨・資料集，7-9.
http://www.ramnet-j.org/2019/09/18/rnj10symp2_summary_j.pdf

参考文献

・日本湿地学会監修 (2017)：図説 日本の湿地―人と自然と多様な水辺，朝倉書店.
・日本湿地学会監修 (2023)：水辺を知る，シリーズ〈水辺に暮らす SDGs〉1 巻，朝倉書店.
・日本湿地学会監修 (2023)：水辺を守る，シリーズ〈水辺に暮らす SDGs〉3 巻，朝倉書店.

5.3.2 事例 1：ラムサール条約登録湿地関係市町村会議

a. 他国のモデルになり得る湿地関係市町村ネットワーク

1989 年 6 月に釧路市で，釧路湿原，伊豆沼・内沼，クッチャロ湖のラムサール条約登録湿地（以下「登録湿地」とする）関係の 8 市町村が集まった．その目的は，① 1993 年開催予定のラムサール条約第 5 回締約国会議（COP5）を釧路市に誘致，② 登録湿地の保全推進に係る情報，意見交換の場の充実，③ 登録湿地の保全等に係る政府への働きかけ，にあり，3 年ごとの「市町村長会議」開催を決めた．

その後の登録湿地増加を踏まえて，1998 年の第 4 回市町村長会議で，「ラムサール条約登録湿地関係市町村会議」（以下「市町村会議」とする）を発足させた．そして，会長・副会長・監事の設置，主管者会議の毎年開催，運営負担金の徴収等を含む会則をつくった．会則は，「ラムサール条約に登録されている湿地及びその他の湿地の適正な管理に関し，関係市町村間の情報交換及び協力を推進することによって，地域レベルの湿地保全活動を促進すること」が目的だとした．そのために，① 湿地の保全管理に関する研修事業，② 関係予算獲得のための陳情・請願活動，③ 国内登録湿地拡大の取り組みへの支援協力，④ それぞれの地域で実施するラムサール条約関係事業への協力などの事業を行うとしている.

2022年11月現在，日本には，53ヵ所の登録湿地があり，関係自治体は28都道県85市町村であり，53湿地71市町村が会員で，組織率は84%である.

b. これまでの活動―ホームページ，締約国会議

2006年に市町村会議，登録湿地と会員市町村の取り組みを紹介するホームページを開設した．2020年3月に，スマートフォン対応に全面リニューアルし，「見る」「食べる」などのアイコンをつくり，写真から登録湿地を検索できるようになった.

2008年のCOP10韓国・昌原(チャンウォン)会議から，締約国会議の会場内で市町村会議のブースを設置，会員市町村作成の湿地や観光のポスター展示・パンフレット配布をしている．2015年のCOP12ルーマニア・ブカレスト会議から，市町村会議の活動紹介するポスターの展示など，市町村会議の取り組みを世界に発信している.

c. 活動の柱としての学習・交流会

現在の市町村会議の柱となる取り組みが，学習・交流会である．この会は，2009年に湿地のワイズユースのための連携を図り，個々の活動及び地域の活性化を促進するためにスタートし，会議全体の充実をもたらした.

企画は，会長市，会長市から委嘱されているコーディネーター，企画・運営サポートの日本国際湿地保全連合職員が行う．コーディネーターは，湿地の現場や理論，自治体づくり，CEPAに詳しく，国際的視野を持つ学識経験者を会長市が指名する.

学習・交流会は，① 毎年のテーマを決め，テーマに関係する② 現地見学，③ 趣旨説明，④ 基調講演，⑤ 市町村の取り組み報告，⑥ グループワーク，⑦ まとめ，のパッケージで行われてきた．そのために，複数回の事前打ち合わせを行ってきた．また，研究者，NGO関係者，環境省の担当課長なども参加して，互いに学び合っている．グループワークでは，担当者同士の直接交流ができ，その後の交流のきっかけにもなるので，満足度が高い.

会長市も参加して決定するテーマは，「地域づくりと湿地」「地域活性化と湿地」「連携」に一貫している．同時に，開催地によって，「湿地を耕し，湿地を楽しむ」，「湿地のツーリズムで人と自然と地域の元気回復をめざす」，「ラムサール条約湿地における協働取組とそれを通じた人づくり」などの特徴がある.

d. 今後の課題

市町村会議の取り組みを発展させるためには，① 北海道・東北ブロックなどの地域ブロック別交流会，② 湿原，干潟，湖沼，水田などの湿地タイプ別交流会，③ 農業，漁業，観光，高齢化，教材づくりなどの課題別交流会の検討が求められている．その際に，COVID-19 の感染拡大により普及したオンライン会議の活用によって，旅費と時間が節約できるので，より緊密な学習・交流が可能となるだろう．〔**佐々木美貴**〕

参考文献

・ラムサール条約登録湿地関係市町村会議：ラムサール条約登録湿地関係市町村会議―HOME.
https://www.ramsarsite.jp

5.3.3 事例 2：ラムサール・ネットワーク日本

a. ラムサール・ネットワーク日本とは

ラムサール・ネットワーク日本（ラムネット J）は，各地の湿地現場で活動する団体・個人のネットワークである．ラムサール条約の考え方・方法に基づき，条約湿地だけでなく，すべての湿地の保全・再生とワイズユースを目指し，活動分野は調査研究，保全・再生，普及・啓発，国際協力など多岐にわたる．湿地の保全は地域での活動が基本である．しかし同時にネットワークによる連携を通して各地域の活動を学び，支え合えば，さらに保全を進めることができる．国内だけでなく，韓国を始め，世界各地の湿地の現場で活動する草の根団体のネットワークである世界湿地ネットワーク（WWN）と連携している．ラムサール条約締約国会議（COP）など交渉の場においては，WWN と共同して地域の声を国際的な湿地保全に反映させる活動をしてきた．

b. ラムネット J にとっての CEPA

湿地に関する活動は分野を截然と分けることができず，CEPA はすべての活動でそれぞれ重要な部分を担う．ここではラムネット J の特徴的な CEPA 活動を 2 つ紹介する．

湿地のグリーンウェイブ[1)]：「湿地のグリーンウェイブ」は，生物多様性条約事務局が毎年5月22日の世界生物多様性の日に行っていたグリーンウェイブに呼応して，湿地とその豊かな生物多様性を保全する活動の波で日本や地球を覆

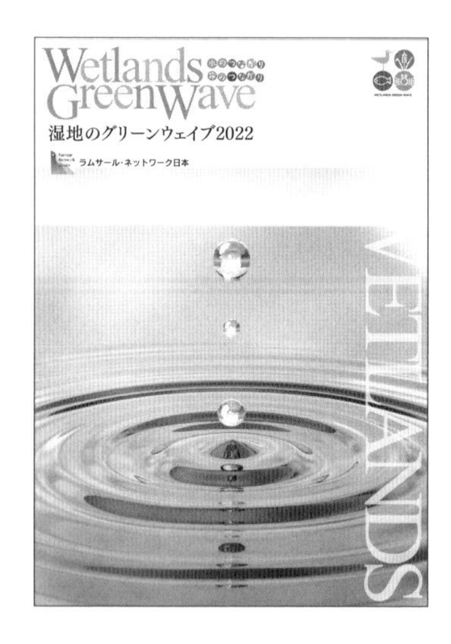

図5.12　2022年湿地のグリーンウェイブリーフレット表紙（http://www.ramnet-j.org/gw/wgw2022_leaflet.pdf）（参照2022年11月17日）

うキャンペーン・プロジェクトである．4月から8月の間，保護団体から企業まで，様々な団体による各地の多様なイベントを通して多くの人々に湿地の大切さを伝える活動である．

湿地のグリーンウェイブのウェブやリーフレットで観察会・講演会・展示会などのイベントを知った人々が，地域の湿地とその生きものの大切さに出会い，また各団体とつながる機会となる．同時に，地域の湿地が日本・世界の湿地や生物多様性の保全ともつながっていることに気づく1つのCEPAの機会である．

主催者としてのラムネットJはキックオフとまとめの集会のほか，毎月参加団体の活動その他の情報交換を行う「お茶会」を開催している．これらの機会は参加団体相互，そしてラムネットJとの交流と学びというCEPAの場である．

湿地関係文書の翻訳：　CEPA活動は子どもや「一般」人対象と考えがちであるが，そうではない．「生きている」湿地の賢明な利用・保全・再生の実施には，個々の湿地に即した，現場での取り組みと，それを支える様々な組織・人々の協力が不可欠である．他の国際環境条約もCEPAの大切さを謳ってはいるが，50年の歴史を持つラムサール条約はCEPAの議論を深め，決議のほか，世界の湿地での実施事例，また条約の理解・啓発のため，様々な文書資料を公開している．これらの文書は，政策の策定や，現場での保全の取り組みに携わる人々にとって大きな助けとなる．この意味で，これらの文書の翻訳は，それらの人々に対する重要なCEPA活動である．

環境省は釧路での第5回締約国会議（COP5）以降の決議・勧告の翻訳を公開し，条約への理解を深めてきた．特にCOP6からCOP10の報告書は，翻訳に関わった行政，研究者・NGOのボランティアを挙げている．これには，筆者を含むラムネットJメンバーも何度か加わり，翻訳の共同作業が重要なCEPA活動であることを自ら体験した．翻訳は決議を文字通り1語ずつ理解する教育・自己啓発の作業である．協力者の広募は翻訳・条約理解・湿地管理能力の養成ともなる．

ラムネットJはこの仕組みをもとに，現場の施設担当者，保全活動団体，地方・中央の政策担当者が日本語で条約文書を理解する助けとなるよう，共同翻訳作業に取り組んでいる．現場での活動がCOPへの資料となるよう国別報告書様式を翻訳し，各湿地からの報告を呼びかける活動もその1つである．

〔柏木　実〕

引用文献

1）ラムサール・ネットワーク日本（2022）：水のつながり、命のつながり。湿地のグリーンウェイブ.
http://www.ramnet-j.org/gw/index.html（参照2022年11月17日）

参考文献

・ラムサール・ネットワーク日本（2020）：設立10周年記念誌―設立から10年の軌跡〈2009-2019〉，ラムサール・ネットワーク日本.
http://www.ramnet-j.org/file/ramnet-j_2009-19.pdf（参照2022年11月17日）

5.3.4　事例3：東京湾再生官民連携フォーラム　東京の窓プロジェクトチーム

a.　東京湾再生官民連携フォーラムの概要

東京湾再生官民連携フォーラム（以後，フォーラム）は，東京湾の環境再生に向けた活動や官民の連携・協働の輪を広げることを目的に2015年に設立され，国土交通など省庁や都・県で構成する「東京湾再生推進会議」への政策提案の実施，プロジェクトチームへのサポート実施，東京湾大感謝祭の開催，交流会の開催，施設見学の実施などの活動を行っている．

b.　東京湾の窓プロジェクトチームの活動

東京湾の窓プロジェクトチーム（以後，窓PT）は，フォーラムのプロジェクトチームとして2016年3月に発足した．東京湾関連施設（自然観察施設や博物館など）やNPO法人のスタッフ，市民団体メンバー，大学教員など約20名が参加している．発足は，東邦大学名誉教授の風呂田利夫氏の呼びかけによる2015年の東京湾大感謝祭での「干潟環境学習交流会」が契機となった．

窓PTの目的は，大都市圏・東京湾流域の市民と東京湾を結び付けるために，東京湾の保全を目指す施設や団体など各主体が，開かれたきっかけを提供する“窓”としての機能強化を図ることで，① 東京湾関連施設をめぐる「東京湾ぐるっとスタンプラリー（以後，スタンプラリー）」の開催，② 東京湾大感謝祭への出展，③ 東京湾再生推進会議への提言，④ Facebookグループページ「ぐるっと東京湾！自然と魅力のワクワク情報」で東京湾関連施設や団体の情報発信を行っている．

施設連携の考え―湾の視点：　谷津干潟を例にすると，シギ・チドリ類の飛来数の減少や海藻のアオサの繁茂と腐敗，青潮の流入，ホンビノスガイの貝殻堆積による潮汐の阻害などの問題があり，いずれも谷津干潟で完結せず東京湾と関連する．そもそも干潟の生物や，干潟の水質を左右する海水は東京湾から水路を通じて出入りしている．また，コンクリート護岸に囲まれた谷津干潟そのものが人工海岸化した東京湾を象徴する．つまり，谷津干潟は東京湾の一部であり，東京湾に目を向ける“窓”ということになる．

湾の視点で見ると，東京湾の水や生物などとのつながりや，干潟の埋め立てなど共通の歴史を持つ東京湾関連施設が湾岸に点在しており，これらが連携すれば互いに集客促進を図り，東京湾の保全に貢献できる，という考え方が窓PTの活動の根底にある．

c.　東京湾スタンプラリーの成果と課題

2018年と2019年に窓PTの活動として，スタンプラリーを「未来のみなとづくり助成（みなと総合研究財団）」を得て開催した．2019年のイベントの概要は以下の通りとなる（2020年と2021年はコロナ禍のため実施せず）．

① 開催期間：2019年8〜11月，② 参加施設：14施設（「2019東京湾ぐるっとスタンプラリー」https://tbsaisei-csr.net/stamp/ 参照），③ 参加者数（スタンプシート配布数）：21287名

可能性・効果：　東京湾関連施設14施設のほか印刷会社や鉄道会社，観光協会の協力を得て，2万枚のスタンプシートを配布し，東京湾関連施設の存在を広報・普及啓発することができた．また，各施設で協力施設のパンフレットを配

布し相互の訪問を促し，施設全体の発信力を高めることができ，これにより行政区分を越えた施設間の連携の可能性を確かめることができた．

課題：　スタンプラリーはイベントとしてのニーズも発展の可能性があることを証明したが，PT メンバーのボランティアに頼るだけでは持続可能性がない．事業の継続には，東京湾関連自治体や企業の協力・参画が必要である．また，東京湾関連施設の機能向上のためには，施設スタッフや管理者が東京湾に関する教育・保全プログラムおよび環境と生物モニタリングに関する知識や技術について交流や研修により向上の余地がある．〔**芝原達也**〕

参考文献

・東京湾再生官民連携フォーラム（2019）:「未来の東京湾と人のつながりの再構築に向けた、東京湾の窓施設のネットワーク推進に関する提案」.
http://tbsaisei.com/report/PDF/R01/pt/tokyowanmado_pt.pdf（参照：2022 年 5 月 1 日）

終章 すべての人の水辺のために

1 短い梅雨がもたらすもの

2022年の梅雨は「短かった」といわれていた．関東甲信地方の梅雨入りが6月6日頃で梅雨明けが6月27日頃であり，平年より21日短く（昨年より11日短く）なる（その後7月下旬に修正された）[1]．梅雨が短ければ基本的に降水量も少なく，今年は水不足となる可能性があった．雨が少なくてもトマト，スイカ，カボチャなどの作物はよく育つだろうが，水稲をはじめとして多くの野菜や果実の生育に支障が出てくる（農林水産省，被害防止等に向けた技術指導）．天候だけは人間の思うようにはならず，それに合わせて作物を育て，その結果に一喜一憂するしかない，と思われてきた．

しかし，私たちはことがそう単純にはいかないことを知っている．農水省は「近年，農産物や水産物などの高温による生育障害や品質低下，観測記録を塗り替える高温，豪雨，大雪による大きな災害が，我が国の農林水産業・農山漁村の生産や生活の基盤を揺るがしかねない状況となっている」[2] と指摘して，「みどりの食料システム戦略」(2021年5月) を策定して，災害や気候変動にも強い持続的な食料システムの構築を目指し，気候変動に適応する生産安定技術・品種の開発・普及等を推進するために『農林水産省気候変動適応計画』を改定(2021年10月) した．気候変動は，私たちの経験をはるかに超える規模で進みつつあり，農業のあり方そのものを変えなければならなくなっているのである．

他方で，水が足りなければ輸入するという考え方もある．環境省は，水と食料の関係を象徴するバーチャルウォーターについて，次のように解説している．「バーチャルウォーターとは，食料を輸入している国（消費国）において，もしその輸入食料を生産するとしたら，どの程度の水が必要かを推定したものであり，日本は海外から食料を輸入することによって，その生産に必要な分だけ自国の水を使わないで済んでいるのです．言い換えれば，食料の輸入は，形を変えて水を輸入していることと考えることができます.」[3] こうして水不足を他国に押し付け続けることもできない以上，私たちは改めて身近な「水辺」の価値について考える必要がある.

本書では,「水辺を活かす」という枠組みで，主に「水辺」と産業・経済，文化との関わりを中心に多様な論点と実践を示してきた.

2 「水辺」が支える産業と経済，そして文化

第１章「湿地を活用した地域経済の振興」では，特に農林水産業，観光，まちづくりとの関わりに注目している．私たちの食料を生み出す農業・牧畜・水産業はまさに「水辺（湿地)」から得られる水に大きく依存する産業であり，こうした産業の発展が水辺を破壊し，水資源を減少させる原因にもなってきた．こうした矛盾を抱えつつも，宮島沼のふゆみずたんぼや志津川湾のカキの養殖のように，水辺を収奪することなく折り合いをつけながら食料を生み出す実践もある．第一次産業にとどまらず，沖縄県東村の慶佐次川マングローブや高知県柏島におけるエコツアーの取り組みは，サステイナブル・ツーリズムとして水辺を積極的に活用しようとするものである．こうした産業との深い結び付きは，コウノトリやトキの繁殖と野生復帰を柱とした兵庫県豊岡市や新潟県佐渡市のまちづくりへとつながり，鹿児島県出水市のように毎年数万羽のナベヅルやマナヅルの越冬地となっているところもある.

第２章「湿地とビジネスの関係性」では,「ビジネス」を「営利目的の実現のための経済活動」と定義してCSR（企業の社会的責任）やCSV（共通価値の創造）に注目した．湿地と直接的な関係も持たない企業が湿地を対象とした保全活動へ参加したり金銭的支援をしたりする事例として，アサヒビールやMS＆ADの活動が紹介されている．これに対して，湿地を消費し，大きな負の影響を与え得る産業が湿地の保全へと向かう事例が，サントリーによる泥炭地及び水資源保全活動である．また，アナツバメの巣の採取ビジネスは，湿地を消費または保全する形で利用することで利益を得ている．とはいえ，湿地の保全活動が新たなビジネスとなり，経済価値を生み出す実践がさらに模索されなければならないことも明らかとなった.

第３章「湿地・水と地域文化／現代文化」では，水辺における伝統的な社会

との関わりを多様な領域で確認しながら，食文化や映画，絵画などの近代的な文化とも結び付けて紹介した．こうした社会とのソフトな関わりは，第4章「湿地を活用した健康増進・社会福祉の充実化」において，より現代的な課題へと結び付けられる．ここでは，湿地保全を通じたグリーンインフラの取り組みが「湿地などの水辺がもたらす健康上の効果として，自然とのふれあいは心と体に良い影響を与える可能性が充分にあると考えられ，水辺やその周辺部に住むことへの利点について国内外で関心が高まっている」と指摘される．さらに，健康と観光を組み合わせた「ヘルスツーリズム認証」が紹介され，湿地セラピー福島潟や北海道サロベツ湿原と豊富温泉を組み合わせたONSEN・ガストロノミーウォーキング，麻機遊水池や鶴田沼緑地，東京湾野鳥公園，上野動物園の不忍池などの保全活動の意義が考察されている．

最後に，第5章「湿地の保全・利用を支えるCEPA」では，ラムサール条約において湿地の保全とワイズユースを求め，それを実現する手段としてCEPAが位置付けられていることに注目し，その概念が条約締結国会議などでどのように拡張し，深められてきたのかを振り返る．その上で，①「湿地におけるCEPA」の実践事例として，しめっちCEPAプログラム集の作成や湿地の市民参加型調査，三番瀬を活用した環境教育，東京都福生市公民館の実践，動物園・水族館の役割，コウノトリ学習などが紹介される．また，②「湿地保全の主体としての子ども・ユース」に注目した実践としてKODOMOラムサール，マガレンジャー，谷津干潟ユースプロジェクトが，③「湿地をつなぐネットワーク」としてラムサール条約登録湿地関係市町村会議，ラムサール・ネットワーク日本，東京湾再生官民連携フォーラムが取り上げられている．

3 「水辺」の価値と向き合うために

私たちが生きている地球という惑星が「水の惑星」であり，そこに最大の特徴があるという事実に違和感を持つ人は少ないだろう．また，気候変動をはじめとした喫緊の環境問題の鍵を握るものが「水」循環であることも否定されないはずである．しかし，私たちは水なしには生きられないことを知り，水の存在に感謝しながらも，水とその目に見える環境としての「水辺」の価値について意識することはほとんどない．

なぜ,「水辺」の価値は意識されないのか．それは，水と水辺の存在が不可欠であるがゆえに,「ない」状態というものが想像できないからではないだろうか．生命にとって水が不可欠のものであるとともに，私たち人類が水辺で進化してきたという説もある．そして，何よりもヒト亜族の中で唯一，農耕牧畜を始めたホモ・サピエンス（私たち）にとって，豊かな水辺は社会が存続・発展する鍵となってきたのである．村から都市へ，そして国家へと規模が大きく，社会が複雑になるにつれて，水源の確保と水の管理・統御とが重要性を増してきた．さらに，産業革命期以降の工業化・都市化は，水の需要を飛躍的に増加させただけでなく，水辺の開発を急速に進めることになった．「『水』戦争」という概念が，村落間の水争いの枠をはるかに超えて，地球レベルでの水の争奪戦を意味するようになったのも，こうした私たちの社会の変化の必然であるといえる．

さて，私たちは今，市場原理が支配する資本主義社会の経済システムを前提に生きている．長らく水や空気，土などの自然資源（環境資源）が強力な復元力をもって無尽蔵に存在し，無償で提供されることを前提に進められてきた産業・経済活動に修正を加えたものが，環境経済学などの考え方である．しかし，こうした自然資源の価値を貨幣によって経済的に評価することだけで，人間の活動と地球環境とのバランスが回復できるのかという問題が残されている．1つの例として，都市部を中心に飲用水を供給するインフラである上水道を考えた場合，これを市場原理に基づいて希少な水資源に高い価格を設定することはできないのである．上水道も，下水道も，人々が都市で暮らすためには不可欠な水を供給・排出する設備であり,「水の権利」（基本的人権）として万人に平等に保障されなければならないものと考えられる．

つまり，私たちは「水辺」の価値について経済的・市場的に評価する一方で,「だれ一人置き去りにしない」（SDGs 前文）覚悟をもって「水辺」に向き合わなければならないのである．

〔**朝岡幸彦・高田雅之**〕

引用文献

1）日本気象協会/ALiNK インターネット（2022）：tenki.jp.
https://tenki.jp/rainy-season/（参照 2022 年 7 月 11 日）
2）農林水産省（2021）：農林水産省気候変動適応計画.
https://www.maff.go.jp/j/kanbo/kankyo/seisaku/climate/adapt/attach/pdf/top-7.pdf

3）環境省：Virtual water　世界の水が私たちの生活を支えています．
https://www.env.go.jp/water/virtual_water/（参照 2022 年 7 月 11 日）

索　　引

欧　文

ASC 認証　15
CEPA　52, 87, 90, 118, 126
COP5　117
COP8　51
COP10　51, 118
COP12　55, 118
CSR　33, 125
CSV　33, 125
ESD　89
KODOMO ラムサール　107
『MINAMATA』　60
MS & AD ラムサールサポーターズ　41
ONSEN・ガストロノミーツーリズム　77
participation　113
Peatland Water Sanctuary　44
SDGs　90
Wetland City Accreditation　55
Zg　64

あ　行

アオリイカのオーナー制度　24
麻機遊水地　78
アサヒスーパードライ「うまい！を明日へ！」プロジェクト　39
遊び仕事　18
雨乞い行事　64
天安河原　67
荒川知水資料館 amoa　100

生きものと共生する社会　29
伊豆沼・内沼　117
出水ツルの越冬地　27
出雲国風土記　64
伊勢物語　62
伊勢物語絵巻　59
磯焼け　23
妹背山婦女庭訓　66

ウイスキー　44
ウェディングケーキ・モデル　6
巴波川　64

エコツーリズム　32
エコトーン　58

オオクニヌシ　62
大歩危川　64
大山阿夫利神社　68
大山上池・下池　64, 94
沖縄県東村　20
尾瀬　52
尾瀬大納言　54
尾瀬ぶなの森ミュージアム　54
男はつらいよ　61, 63
オンライン授業　95

か　行

攪乱　78
仮想水　5
葛飾北斎　59
歌舞伎　66
雁　61
ガンガー　63
環境教育　107
環境への配慮　6
観光　16
観光産業　34
間伐　23

企業イメージ 36
協働取組 108

苦海浄土 63
くじゅう坊ガツル 107
釧路湿原 117
クッチャロ湖 117
熊川分水 97
クレインパークいずみ 30
グローバリゼーション 1

源氏物語絵巻 59

校外学習 95
高層湿原 75
コウノトリ 28
コウノトリ育む農法 29
公民館 97
子ども 103, 106

さ 行

狭井神社 64
再生 49, 57
再湿地化 49
蔵王権現 65
サステイナブル・ツーリズム 17
里地里山フェスティバル 84
サロベツ 76
サロベツ湿原 75
山水図 59
三番瀬 95

地獄八景亡者戯 66
施設連携 122
自然学習交流館「ほとりあ」 56
慈善活動 34
持続可能な観光 17
持続的な資源利用 49
志津川湾 15, 56, 94
湿地
　——とビジネスの関係性 125
　——のグリーンウェイブ 119
　——の文化 51, 55, 90
　——を活用した健康増進・社会福祉 126
湿地環境教育 107
湿地セラピー 73
湿地センター 113
湿地調査 94
品川心中 67
しのばずラボ 85
芝浜 67
島崎藤村 63
住民参加 93, 94
住民主体 93, 94
修験道 64
精霊流し 64
食材化 57
食文化 56
白簱史朗 60
白簱史朗尾瀬写真美術館 54
新型コロナウイルス感染症（COVID-19） 1
真景累ヶ淵 66
人工干潟 82
新日本風土記 60

水道事業の民営化 4
水力発電所 53
スコットランド 43
スサノヲ 62
隅田川（能） 66
すみだ川（小説） 63
諏訪 62
諏訪大社 62

生態系サービス 38, 47
聖地巡礼 58
清明上河図 59
世界湿地ネットワーク（WWN） 119
世界生物多様性の日 119
責任ある観光 18

ソーシャルビジネス 35

た 行

体験学習 109
代償行為 46

ダイビング圧　22
大噴湯　64
高龗神　67
滝行　67
タケミナカタ　62
玉造温泉　64
ため池　64, 80
だれ一人取り残さない　6

地域経済の振興　125
地球環境基金　108
竹生島　66
チチンガー　63
地熱性湿地　64
チャップリン　61
中間湿原　80
鳥獣戯画　59

辻井達一　51
鶴田沼　80
ツルの越冬地　30
「鶴の恩返し」キャンペーン　39
鶴の舞　61

泥炭湿地林　49
泥炭地　43
締約国会議　51, 117, 119
テルマエ・ロマエ　61
田楽歌　68

東京学芸大学附属竹早小学校　96
東京港野鳥公園　82
東京港野鳥公園フェスティバル　84
東京湾関連施設　121
東京湾の窓プロジェクトチーム　121
登録湿地　117
ドッコ（独鈷）沼　64
豊蘆原瑞穂国　62
豊富温泉　75
豊富温泉活性化協議会　76
豊富町　75

な　行

夏の思い出　54, 68

日本国際湿地保全連合（WIJ）　51
日本湿地学会　51, 55

ネットゲイン　37, 45
ネットワーク　114

能楽　66
農林水産業　34
農林水産省気候変動適応計画　124
野崎小唄　68
ノーネットロス　37, 45

は　行

バーチャルウォーター　5, 124
ハッチョウトンボ　80
パートナーシップ　114
パンデミック　1
ハンノキ林　81
氾濫原　78

ビオトープ化　9, 26
ビジネス　33, 49
ピート　43
ビーナスの誕生　60
檜枝岐歌舞伎　54
檜枝岐村　52
ビュー福島潟　73
琵琶湖　56

深川恋物語　63
福島潟　73
藤前干潟　93, 94
ふなばし三番瀬環境学習館　95
ふゆみずたんぼ　12
ブルー・ゴールド　4
ふるさと教育　101

平家物語　62

ヘルスツーリズム認証 70

奉納舞 65
ポストコロナ社会 1
保全・再生 52
北海道 e-水プロジェクト 39
ほっくー基金北海道生物多様性保全助成制度 40
幌延町 75

ま 行

マイナー・サブシステンス 18
真夏の雪まつり 54
円山川下流域・周辺水田 101
漫湖 61
万葉集 62

水資源 3
水・湿地の文化研究 55
「水」循環 126
水ストレス 4
「水」戦争 4, 127
水に対する人権 6
水の権利 127
水ビジネス 4
「水辺」の価値 126
水屋神社 64
弥陀ヶ原 65
御岳杣唄 68
みどりの食料システム戦略 124
水俣病 63
南三陸町 61
宮島沼 12

モウセンゴケ 80
最上川舟歌 68
藻場 23
森と湖のまつり 61

や 行

厄災 1
谷津の海 61
谷津干潟 94, 111
谷津干潟ユース 111
山伏 64

羊水 63, 67

ら 行

ライアンの井戸財団 5
ラムサール条約 12, 16, 27, 30, 51, 75, 90, 101, 111, 117, 119, 126
ラムサール条約締約国会議 51
ラムサール条約登録湿地 53, 117
ラムサール条約登録湿地関係市町村会議 51, 55, 117
ラムサール条約の湿地自治体認証 55
ラムサール登録湿地関係市町村 108

利尻礼文サロベツ国立公園 75

わ 行

ワイズユース 52, 53, 57, 107, 112, 118

シリーズ〈水辺に暮らすSDGs〉2
水辺を活かす—人のための湿地の活用—　　定価はカバーに表示

2023年4月5日　初版第1刷

監　修　日本湿地学会
発行者　朝倉誠造
発行所　株式会社 朝倉書店
東京都新宿区新小川町6-29
郵便番号　162-8707
電話　03(3260)0141
FAX　03(3260)0180
https://www.asakura.co.jp

〈検印省略〉

教文堂・渡辺製本

ISBN 978-4-254-18552-2　C 3340　Printed in Japan